材料学シリーズ

堂山 昌男　小川 恵一　北田 正弘
監　修

入門 材料電磁プロセッシング

浅井 滋生 著

内田老鶴圃

本書の全部あるいは一部を断わりなく転載または
複写(コピー)することは，著作権および出版権の
侵害となる場合がありますのでご注意下さい．

材料学シリーズ刊行にあたって

　科学技術の著しい進歩とその日常生活への浸透が20世紀の特徴であり，その基盤を支えたのは材料である．この材料の支えなしには，環境との調和を重視する21世紀の社会はありえないと思われる．現代の科学技術はますます先端化し，全体像の把握が難しくなっている．材料分野も同様であるが，さいわいにも成熟しつつある物性物理学，計算科学の普及，材料に関する膨大な経験則，装置・デバイスにおける材料の統合化は材料分野の融合化を可能にしつつある．

　この材料学シリーズでは材料の基礎から応用までを見直し，21世紀を支える材料研究者・技術者の育成を目的とした．そのため，第一線の研究者に執筆を依頼し，監修者も執筆者との討論に参加し，分かりやすい書とすることを基本方針にしている．本シリーズが材料関係の学部学生，修士課程の大学院生，企業研究者の格好のテキストとして，広く受け入れられることを願う．

監修　　堂山昌男　小川恵一　北田正弘

「入門 材料電磁プロセッシング」によせて

　本書は，強い磁場が，いかに材料のプロセスに影響するか，また，それをいかに利用できるかについて説いている．監修者自身この書の原稿を読ませて戴いて，学ぶところが多かった．将来まだまだ発展する分野である．

　多少複雑な数式が多く用いられているが，初めは理解しにくくても，わかる範囲でスラッと読み通し全体の意味をつかむようにして，何度か戻って読めば応用もできるようになると思われる．この分野を定量的に理解するには数式に頼らざるを得ない．他に類を見ない教科書で，この分野の貴重な教科書となると思っている．

堂山昌男

序　文

　題名「材料電磁プロセッシング」とは，さて何であろう，とこの本を手にされた方も多いのではないだろうか．聞き慣れないのも当然で，この分野は材料工学の中にあって，今まさに体系化されつつある一分野．材料電磁プロセッシングという名称はその英訳である Electromagnetic Processing of Materials（通称，EPM）とともに，約10年程前に，我が国の材料関連の学会で生まれたものである．本分野の生い立ち，特徴等については第Ⅰ章を見ていただくとして，簡潔に言うならば，電気，磁気が持っている種々の機能を活用して材料を創製あるいは合理的な材料製造法を設計する工学である．

　第Ⅰ章では，材料電磁プロセッシングの誕生，特色，展開について述べ，材料電磁プロセッシングとは何であるかを概観できるように努めた．第Ⅱ章では，この工学分野を支える基礎工学の一つである電磁流体力学から関連部分を抜粋し，電場・磁場と電気伝導性流体の速度場にまつわる諸現象とその理論展開を示した．第Ⅲ章では，電場・磁場が電気伝導性流体に示す諸機能を列挙し，材料製造工程におけるこれら諸機能の活用法について述べた．第Ⅳ章は，誕生間のない強磁場の材料科学，すなわち強磁場を活用しての材料プロセッシングについて述べた．まず，ものに触れ，イメージを得た後，その理論的背景を掴むことに慣れた読者には，第Ⅰ章，第Ⅲ章，第Ⅳ章と読み進み，その後，第Ⅱ章に戻っていただきたい．

　新しい分野に教科書が誕生することが，生産現場と研究室での実験を通じ，数々の事例の積み重ねがなされ，工学としての体系が整いつつあることを意味するならば，誕生から本分野に携わった者の一人として，大きな感慨を覚えることを禁じ得ない．我が国では，1985年，初めて材料関連の学会で本分野が採り上げられたが，会場に足を運んだ者は発表者も含め5名とい

う寂しさであった．その後，三回の国際シンポジウム（EPM '94（名古屋），EPM '97（パリ），EPM 2000（名古屋）），文部省科学研究費補助金特定領域研究指定等を経て，順調な発展を遂げてきた．ここにいたるこができた理由として，電気・磁気に関する周辺技術，とりわけ超伝導磁石の発達と新技術の模索がはじまるという時代背景があったことは見逃せない．一方，研究部会の設立等，日本鉄鋼協会の永年にわたる組織的支援という人為的側面も大きな要因となっている．

著者は最初の研究部会の部会長に指名されるという幸運に恵まれたが，部会発足当初の不人気に挫けそうになったのも事実であった．そんなところを終始叱咤激励し続けて下さったのは（故）川上公成氏（NKK），（故）郡司好喜氏（金属材料研究所），大橋徹郎氏（新日鐵）であった．三氏の学術・技術に対する洞察力に敬服するとともに，三氏からいただいた大きな支援に感謝したい．遡れば，（故）鞭巌教授（名古屋大学）と（故）Prof. Szekely (MIT)に師事し，金属工学と化学工学の学際領域である冶金反応工学の開拓に果敢に挑戦する両師の姿を目の当たりにしてきたことが，材料工学と電磁流体力学の学際領域である材料電磁プロセッシングへの挑戦に著者をかき立てた．また，ここに掲載した事例と理論展開の多くは研究部会や著者の所属する研究室でなされたものであり，これを支えてくれた谷口尚司先生（東北大学），佐々健介先生（名古屋大学），岩井一彦先生（名古屋大学）はじめ多くの研究部会員，卒業生の献身的支援に負うところ大である．第IV章の強磁場の材料科学については堂山昌男先生（帝京科学大学），増本健先生（電気・磁気材料研究所），北澤宏一先生（東京大学），松井正顕先生（名古屋大学）にその端緒を開いていただいた．

上述のように多くの方々の支援と本分野への時代的背景に恵まれて本書を著すこととなったが，このような恩恵に浴することは人為とは考えられず，大きな見えざる手によって書かせていただいたような気がしてならない．

"論文に　汗と頭と　恥をかき"，"何故出せぬ　コートのエース　仕事には"を地でいく著書がまとめたもの，内容においてお気づきの点が見つかった節は，ぜひご指摘いただきたい．読者の皆様のお力を借りて，さらに良い

序　文

ものにしたいというのが著者の願いである．

　最後に，本書を"材料学シリーズ"の一冊として刊行するにあたり，堂山昌男先生，小川恵一先生，北田正弘先生にたいへんお世話になった．特に堂山昌男先生は，刊行を強く薦めて下さると共に，貴重なご助言もいただいた．

　また，出版にあたり有益な助言をいただいた内田学氏（内田老鶴圃），原稿推敲と図面作成に協力してくれた千野靖正氏（名古屋工業技術研究所），千代谷一幸氏（名古屋大学），森八寿重さん（名古屋大学）に謝意を表す．

　本著を，いまは亡き恩師　鞭巌先生と両親に捧げる．

2000年8月

浅井　滋生

目　　次

材料学シリーズ刊行にあたって
「入門 材料電磁プロセッシング」によせて

序　文 …………………………………………………………………… iii

I　材料電磁プロセッシングの展開 ……………………………………… 1
　1　材料電磁プロセッシング誕生の歴史　*2*
　2　各種エネルギー比較　*4*
　3　背景と特色　*5*
　　3.1　背景　*5*
　　3.2　特色　*6*
　4　電磁気力利用技術　*8*
　　文献　*10*

II　電磁流体力学の基礎 ……………………………………………… 11
　1　基礎方程式　*12*
　　1.1　うず度輸送方程式　*12*
　　1.2　エネルギー方程式　*15*
　　1.3　磁場の拡散方程式　*15*
　2　電磁気力とマックスウェルの応力テンソル　*17*
　3　静磁場(直流磁場)が流れに及ぼす効果　*19*
　4　磁場の拡散　*26*
　　4.1　モデルの簡略化　*26*
　　4.2　半無限1次元の磁場の拡散モデル　*27*

  4.3 磁気圧力とジュール熱 *28*

  4.4 有限1次元の磁場の拡散モデル *32*

  4.5 移動磁場 *35*

  4.6 境界条件 *37*

  4.7 電磁流体力学に関連する無次元数 *40*

III　材料電磁プロセッシング …………………………………………*45*

 1 電場・磁場が電気伝導性流体に示す機能 *46*

  1.1 形状制御機能 *46*

  1.2 流動抑制機能 *49*

  1.3 波動抑制機能 *50*

  1.4 分離・凝集機能 *51*

  1.5 駆動(撹拌)機能 *52*

  1.6 振動機能 *53*

  1.7 飛散機能 *53*

  1.8 浮揚(重力変更)機能 *53*

  1.9 昇温機能 *54*

  1.10 流速検出機能 *55*

  1.11 複合機能 *55*

 2 電磁気力利用プロセス *55*

  2.1 形状制御機能 *57*

  2.2 流動抑制機能 *61*

  2.3 波動抑制機能 *64*

  2.4 分離・凝集機能 *64*

  2.5 昇温機能 *66*

  2.6 駆動(撹拌)機能 *67*

  2.7 振動機能 *67*

  2.8 飛散機能 *69*

  2.9 流速検出機能 *70*

  3 材料電磁プロセスの分類 *72*
  文献 *74*

IV 強磁場の材料科学 …………………………………………77
 1 磁化力 *80*
  1.1 非磁性物質における磁化力発現の可能性 *80*
  1.2 モーゼ効果と逆モーゼ効果 *81*
  1.3 エンハンストモーゼ効果 *83*
 2 磁性 *85*
  2.1 磁性体の分類 *85*
  2.2 磁化率 *86*
  2.3 磁気異方性 *88*
 3 強磁場による結晶配向 *89*
  3.1 磁化エネルギーの導出 *89*
  3.2 形状磁気異方性 *90*
  3.3 結晶磁気異方性 *94*
  3.4 蒸着膜の結晶配向 *98*
 4 磁化力が駆動する流体運動 *101*
  4.1 磁化力を考慮した運動方程式と無次元数 *103*
  4.2 磁化力にまつわる無次元数 *103*
 5 展望 *105*
  文献 *107*

記号一覧 ……………………………………………………………109
索 引 ……………………………………………………………115

材料電磁プロセッシングの展開

I

1 材料電磁プロセッシング誕生の歴史

　金属分野においては古くから電気エネルギーを溶解・製錬・凝固の分野において用いてきたが，高周波磁場によるレビテーション・メルティングは1923年に，最近話題のcold crucibleは1931年に，電磁撹拌は1932年に，すでに提案されていたことは驚きである．溶融金属では，通電に伴って磁場が発生し，この磁場と印加電流によって電磁気力が誘起される．この電磁気力は流体を駆動するので，通電によって溶融金属は流動することになる．同じことは交流磁場を溶融金属に印加したときにも見られ，やはり溶融金属は流動する．このように通電したり，磁場を印加するだけで，溶融金属が流動する現象は電磁流体力学現象として今日ではよく知られているが，これまで製錬技術者は無意識の内にこの現象を利用してきた．電磁流体力学現象とは流れの場と電磁場が相互に影響を及ぼし合う状態を指し，この現象を取り扱う理工学を電磁流体力学と言う．電磁流体力学はこれまで，プラズマ物理，地球・宇宙物理，核融合，原子力等の分野において発展を遂げてきた．その歴史を掻い摘んでみると次のようになる[1]．

　19世紀初頭，ファラデー（Faraday）が海洋の運動と地磁気の関係を電磁流体力学現象として捉えて説明したのに始まり，19世紀後半から20世紀初頭にかけては，太陽の磁場挙動も電磁流体力学現象として認識されるようになった．そして，1942年に至って，Alfvén（1970年ノーベル賞受賞）によって電磁流体力学（magnetohydrodynamics＝MHD）が体系化された．この学問に基づいて，岩石の調査から判明した地磁気の反転現象が数値計算によって再現されたり，地磁気が地球内部で生じている自己発電現象に基づくものであると解釈されている．

　電場・磁場の作用下での電気伝導性流体（溶融金属，プラズマ，溶融塩等）の運動を取り扱う電磁流体力学の知見を冶金プロセスに適用する試みは，1982年，ケンブリッジ大学で開催されたIUTAM（International

Union of Theoretical and Applied Mechanics）シンポジウム[2]に始まる．そこでは，はじめて"電磁流体力学の冶金への応用"なるテーマが取り上げられた．我が国においては，上記のシンポジウムに触発され，日本鉄鋼協会（ISIJ）が本分野を製鋼分野の重要課題と位置づけ，"電磁気冶金"と命名した[3]．その後，1985年，「電磁気冶金の基礎研究部会」が発足し，鉄鋼プロセスへの応用を中心とした研究が開始された[4),5]．さらに，研究対象が冶金プロセスのみならず，広く材料製造プロセスに広がりを見せるに伴い，"電磁気冶金"は"材料電磁プロセッシング（Electromagnetic Processing of Materials＝EPM）"へと変貌をとげ，1989年からは"材料電磁プロセッシング部会"，さらに"電磁ノーベル・プロセッシング研究会"に受け継がれ今日に至っている[6]．

一方，目を外国に転じると，1978年，フランスのグルノーブルに

表I-1　材料電磁プロセッシングのルーツとその歩み

Agricolaによる冶金学の誕生（1556）　　流体力学の誕生（18-19 th Cen.）

　　　　　　　　　　　　Maxwellによる電磁気学の体系化（1873）

　　　　　　　　　　　　MHD現象の理解（1889, 1919）

浮揚溶解（1923）

電磁撹拌（1932）　　　　Alfvénによる電磁流体力学の体系化（1942）

材料電磁プロセッシング

主要活動		
MADYLAM	⋯	France (1978)
IUTAM Symposium	⋯	England (1982)
Committee of EPM in ISIJ	⋯	Japan (1985)
The 1st Symp. of EPM	⋯	Japan (1994)
International Project	⋯	Japan, France, Sweden (1995)
The 2nd Symp. of EPM	⋯	France (1997)
The 3rd Symp. of EPM	⋯	Japan (2000)

MADYLAM と言う電磁流体力学の冶金への応用を目的とした国立の研究所（CNRS）が設立され，活発な研究がなされている．また旧ソ連邦においてもリガ，キエフにおいて核融合分野の研究者を中心にして，EPM の研究が行われてきた．なお，旧ソ連邦では 1965 年より発刊された電磁流体力学の専門誌（Magnetohydrodynamics）の中に，EPM に関連する文献が多数見受けられたが，現在は廃刊となっている．

この萌芽期にある材料電磁プロセッシングの分野の研究を，比較的早い時期に組織的に開始したのは，我が国とフランスであり，第 1 回の材料電磁プロセッシングの国際シンポジウム EPM '94 は日本で，第 2 回の EPM '97 はフランスで，第 3 回の EPM 2000 は再び日本で開催されるなど，両国は EPM の牽引役を務めている．

以上，材料電磁プロセッシングのルーツと歩みをまとめて表 I-1 に示す．

2　各種エネルギー比較

材料プロセッシングに使われる各種エネルギー密度を代表的数値を用いて計算し表 I-2 に示した．この表から，磁気エネルギーと運動エネルギーは共に$\sim 10^5$ J/m^3 で，ほぼ均衡しており，磁場を用いて運動場に影響を与え得ることがわかる．しかし，熱エネルギーの$\sim 10^{10}$ J/m^3 に比較して磁気エネルギーの$\sim 10^5$ J/m^3 は極めて小さく，熱的エネルギーで決まる諸物性値を磁場によって変化させることは難しいことも理解できる．一方，非磁性物質に強磁場（例えば，10 テスラ程度）を印加した場合，磁化エネルギーも$\sim 10^4$ J/m^3 と比較的大きくなり，強磁場が材料プロセッシングの一手段となり得ることがわかる．これについては第 IV 章で詳しく述べる．

表 I-2　各種エネルギーの密度比較

真空中の磁気エネルギー（$B=1\,\mathrm{T}$）
$$W=\frac{1}{2}\boldsymbol{H}\cdot\boldsymbol{B}=\frac{1}{2\mu_m}|\boldsymbol{B}|^2=4\times10^5\,\mathrm{J/m^3}$$

熱エネルギー（溶鋼）
$$W=c_p\rho T=10^{10}\,\mathrm{J/m^3}$$

電気エネルギー（空気の絶縁耐力 $E=1\,\mathrm{kV/mm}$ として）
$$W=\frac{1}{2}\boldsymbol{E}\cdot\boldsymbol{D}=\frac{1}{2}\varepsilon|\boldsymbol{E}|^2=4.4\,\mathrm{J/m^3}$$

運動エネルギー（$V=5\,\mathrm{m/s}$，$\rho=7.8\times10^3\,\mathrm{kg/m^3}$ として）
$$W=\frac{1}{2}\rho V^2=10^5\,\mathrm{J/m^3}$$

磁化エネルギー（非磁性物質，$B=10\,\mathrm{T}$）
$$W=\frac{1}{2\mu_0}\chi|\boldsymbol{B}|^2=\frac{1}{2\times4\pi\times10^{-7}}\cdot(10^{-3}\sim10^{-4})\times10^2$$
$$=(4\sim0.4)\times10^4\,\mathrm{J/m^3}$$

3　背景と特色

　材料電磁プロセッシングの研究の必要性が叫ばれる背景と本分野の特色について次に述べる．

3.1　背　　　景

　材料の高級化指向に伴い材料製造工程における電気エネルギー使用量が増大する一方で，電気・磁気に関連する技術にも著しい発展が見られる．例えば，高性能永久磁石（Fe-Nd-B系等）は強い磁界を安価にして手軽に得られるものとした．また，ヘリウム冷却を必要としないヘリウムフリーの超伝導磁石が開発され，実験室レベルでは材料分野においても超伝導磁石の使用が開始されている．また，鉄より小さい比抵抗値（$10^{-5}\,\Omega\cdot\mathrm{m}$）でしかも高融点（約3000℃）を有するセラミックス（ZrB_2）が開発された結果，溶鋼

等，高融点金属に直接通電できる道が拓かれ，金属精錬分野において注目を集めている．

3.2 特　色

電気，磁気の利用は高密度エネルギーを材料に付与する手段として，最も簡便な方法である．電気エネルギーは，電極からの汚染の問題を除けば，極めて清浄性に優れたエネルギー源でもある．さらに，近年の電気，磁気に関する技術の発達に伴ってその制御技術の発展にはめざましいものがある．すなわち，電場，磁場は高密度で，清浄性，制御性に優れたエネルギーであると言える．これまで，材料プロセスの分野にあっては電気エネルギーは主に熱エネルギーとして使用されてきたが，熱エネルギーに変換する前に，図Ⅰ-1に示すように，電磁気的諸機能（詳しくは後述する）の利用を図り，その上で熱エネルギーに変換することが望ましい．機能発揮に使用されたエネルギー（主に融体の運動エネルギー）も最終的には熱エネルギーとなるからで，このような回り道も決してエネルギーの無駄とはならない．図Ⅰ-2は各種金属精錬装置の均一混合時間（装置内の濃度が均一になるのに要する時間）と撹拌強さの関係を示している[7]．精錬装置の撹拌はかなり激しいものであるが，その撹拌強さを示す下側横軸の撹拌動力密度（単位質量当たりの動力）から計算すると1℃/1週間から1℃/30 min 程度の昇温速度（上側の横軸）となる．一方，今日熱付与技術として求められている昇温速度は1～6℃/min であることを知ると，通常，用いられる熱エネルギーが運動エ

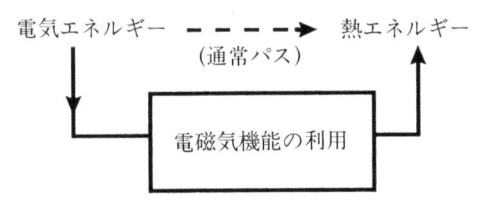

図Ⅰ-1　推奨エネルギーパス（──）と通常パス（---）

3 背景と特色

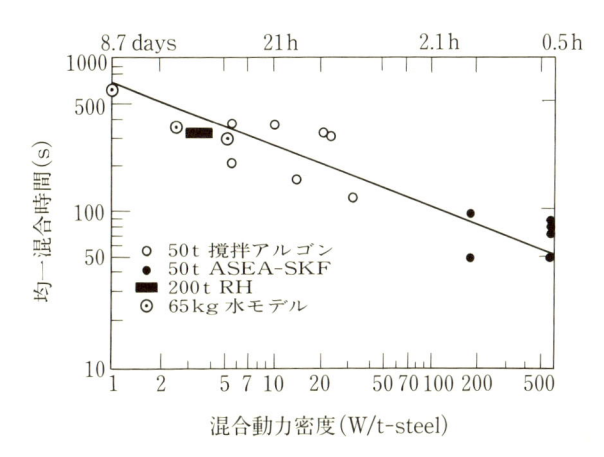

図 I-2 均一混合時間（縦軸）と混合動力密度（下の横軸）および溶鋼を1℃昇温するに要する時間（上の横軸）の関係

ネルギーに比較していかに大きなものであるかがわかる．すなわち，電気エネルギーの有効利用が大切であることが再認識される．

次に，電気伝導性流体であるプラズマと溶融金属を流体特性の上から比較すると次のようになる．

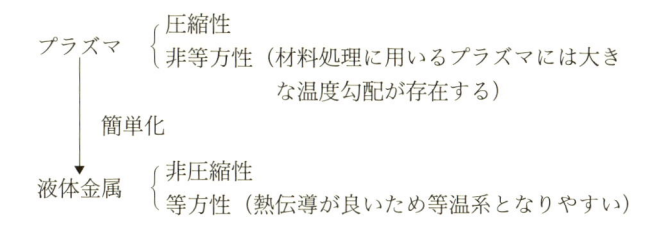

プラズマ $\begin{cases} 圧縮性 \\ 非等方性（材料処理に用いるプラズマには大きな温度勾配が存在する） \end{cases}$

↓ 簡単化

液体金属 $\begin{cases} 非圧縮性 \\ 等方性（熱伝導が良いため等温系となりやすい） \end{cases}$

プラズマ分野に蓄積された電磁流体力学の知見は当然液体金属にも適用可能で，その取り扱いは圧縮性を非圧縮性に，非等方性を等方性にと簡単化の方向にある．

4 電磁気力利用技術

　材料電磁プロセッシングは材料プロセッシングに電磁流体力学を導入したものである．この学問体系を木にたとえて表したのが図I-3に示した"材料電磁プロセッシングの木"である．木の根の部分には，本分野を支える基礎工学が示されている．

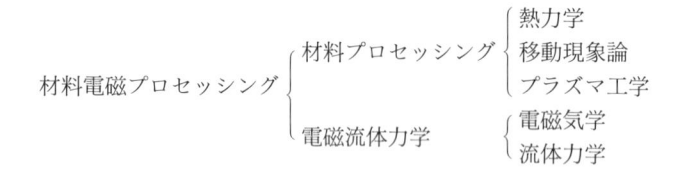

$$
\text{材料電磁プロセッシング}\begin{cases}\text{材料プロセッシング}\begin{cases}\text{熱力学}\\\text{移動現象論}\\\text{プラズマ工学}\end{cases}\\\text{電磁流体力学}\begin{cases}\text{電磁気学}\\\text{流体力学}\end{cases}\end{cases}
$$

　枝の部分には第Ⅲ章で説明する機能が，葉の部分にはそれぞれの機能を活用した個々のプロセスおよび技術が示されている．

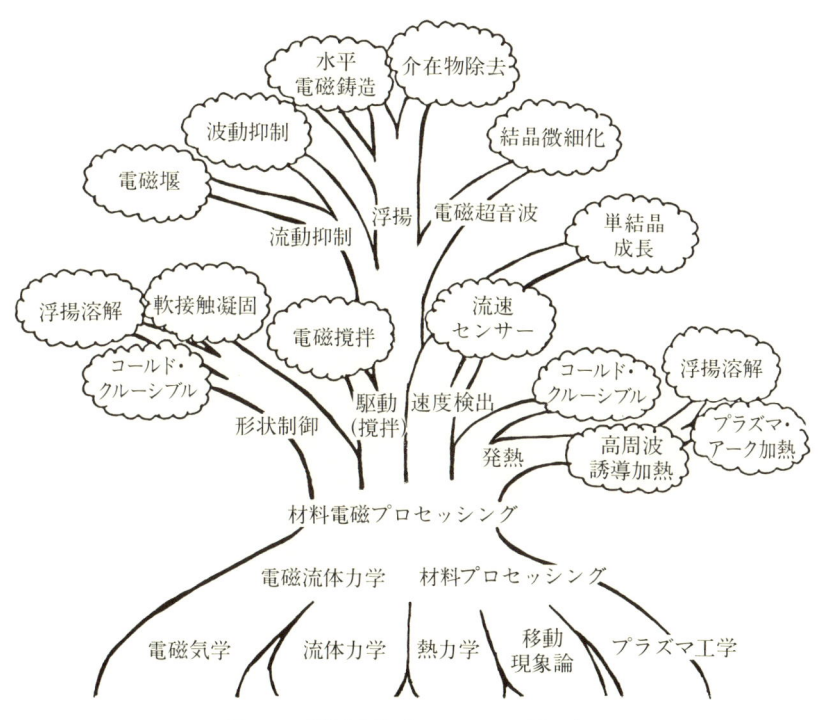

図 I-3 材料電磁プロセッシングの木

文　献

1) J. A. Shercliff : A Textbook of Magnetohydrodynamics, Pergamon Press (1965)
2) H. K. Moffatt and M. R. E. Proctor : Metallurgical Application of Magnetohydrodynamics, Proceedings of a Symposium of the IUTAM, The Metal Society (1984)
3) 川上公成：鉄と鋼, 70 (1984), p. 1357
4) 電磁気冶金の基礎研究部会報告書：日本鉄鋼協会特定基礎研究会電磁気冶金の基礎研究部会編 (1990)
5) 第 129, 130 回　西山記念技術講座「電磁気力を利用したマテリアル・プロセシング」, 日本鉄鋼協会 (1989)
6) 電磁気力による新しいプロセシングの可能性をもとめて, 日本鉄鋼協会特基研究会材料電磁プロセシング部会 (1993)
7) 中西恭二, 藤井徹也：鉄と鋼, 59 (1973), S 460

電磁流体力学の基礎

II

電磁流体力学は Alfvén によって 1942 年に体系化されたものである．電場や磁場が作用する下で電気伝導性流体，例えば液体金属や溶融塩の流動を求めようとする場合，運動方程式の外力項には電場と磁場に起因する電磁駆動力が現れる．そのため電場と磁場をあらかじめ知っておかねばならない．一方，後述する Maxwell の方程式を解いて電磁流体内部の電場と磁場を求めようとすると，拡張された Ohm の法則(II-11)を介して流体の速度が必要となる．このように，電磁場と速度場が連成する分野を扱うのが電磁流体力学である．電磁流体力学が守備するところは，本書の主題である材料電磁プロセッシングからプラズマ物理，地球・宇宙物理に及び，電磁場と速度場の連成の仕方も対象分野によって異なる．材料電磁プロセッシングの分野では電磁場が流体の速度場に与える影響は考慮する必要のあるものの，ほとんどの場合，速度場が電磁場に与える効果は小さいと見なせる．そのため速度場を考慮することなく，まず電磁場を求め，それを運動方程式の駆動力項に反映させ速度場を求めればよいことになる．すなわち連成は一方向となる場合が多い．

本章では，取り扱う流体を液体金属のような電気伝導性，非圧縮性のニュートン流体に限定して，電磁流体力学から材料電磁プロセッシングを学ぶにあたり必要となる事項を抜粋してみた．なお，より厳密な理論展開に心掛けたため，本章には多くの数式が現れる．初めて材料電磁プロセッシングに接する読者は細かい式の導出は読み飛ばし，第 IV 章まで読み終わった後に再び本章を読み直してもらいたい．

1 基礎方程式

1.1 うず度輸送方程式

うず度の輸送方程式について述べる前に"うず度"とは何であるか，その物理的意味について見てみよう．(II-1)はベクトル量であるうず度の定義で

1 基礎方程式

$$\boldsymbol{\omega}=\nabla\times\boldsymbol{v}, \quad \boldsymbol{\omega}=(\omega_r, \omega_\theta, \omega_z) \tag{II-1}$$

いま，図 II-1 に示すように，原点を中心にして角速度 λ で循環する流れがあるとすると，循環の速度は $v_r=0$, $v_\theta=\lambda r$, $v_z=0$ と書ける．一方，ベクトル公式を使って(II-1)を表し，これに循環の速度を代入すると以下のようになる．

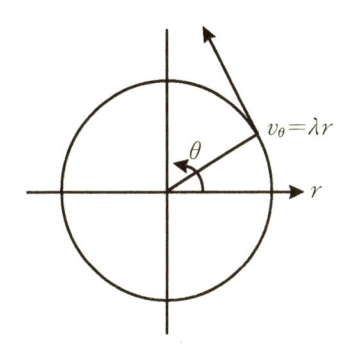

図 II-1 角速度 λ の循環流

$$\omega_r = \frac{1}{r}\frac{\partial v_z}{\partial \theta} - \frac{\partial v_\theta}{\partial z} = 0$$

$$\omega_\theta = \frac{\partial v_r}{\partial z} - \frac{\partial v_z}{\partial r} = 0$$

$$\omega_z = \frac{1}{r}\left[\frac{\partial (rv_\theta)}{\partial r} - \frac{\partial v_r}{\partial \theta}\right] = 2\lambda$$

これから，うず度ベクトルは循環面に垂直方向（z 方向）で大きさが角速度 λ の 2 倍となることがわかる．

また，図 II-2 のように x-y 平面内の四角形の微小素片の周りを A → B → C → D と循環する流れがあるとする．各辺に沿う流れの(平均速度)×(辺の長さ)の和を「循環」と言い，数学的には，循環は $C = \oint (v_x dx + v_y dy + v_z dz)$ と定義する．図 II-2 に示したケースについて，この循環を求めると以下のようになる．

II 電磁流体力学の基礎

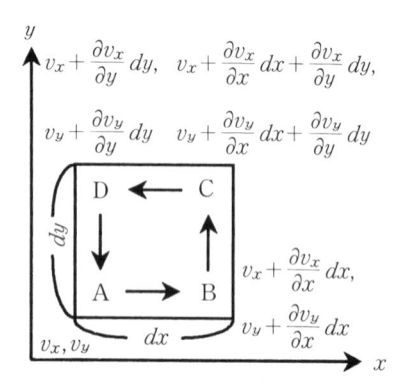

図 II-2 微小素片 ABCD の周りの循環

$$C=\left(v_x+\frac{1}{2}\frac{\partial v_x}{\partial x}dx\right)dx+\left(v_y+\frac{\partial v_y}{\partial x}dx+\frac{1}{2}\frac{\partial v_y}{\partial y}dy\right)dy$$
$$-\left(v_x+\frac{\partial v_x}{\partial y}dy+\frac{1}{2}\frac{\partial v_x}{\partial x}dx\right)dx-\left(v_y+\frac{1}{2}\frac{\partial v_y}{\partial y}dy\right)dy$$
$$=\left(\frac{\partial v_y}{\partial x}-\frac{\partial v_x}{\partial y}\right)dxdy$$

C を四辺形の面積 $dxdy$ で割ると

$$\frac{C}{dxdy}=\frac{\partial v_y}{\partial x}-\frac{\partial v_x}{\partial y}\equiv\omega_z$$

となる．これは直角座標系（cartesian coordinate）で表した"うず度"

$$\omega_x=\frac{\partial v_z}{\partial y}-\frac{\partial v_y}{\partial z},\quad \omega_y=\frac{\partial v_x}{\partial z}-\frac{\partial v_z}{\partial x},\quad \omega_z=\frac{\partial v_y}{\partial x}-\frac{\partial v_x}{\partial y}$$

の z 成分 ω_z に当たることがわかる．したがって，うず度は流体要素の循環（速度×距離）をその要素が描いた断面積で割ったものに等しいことになる．

非圧縮性のニュートン流体の運動方程式は Navier-Stokes 式と呼ばれ，次のように書ける．

$$\rho\left(\frac{\partial \boldsymbol{v}}{\partial t}+\boldsymbol{v}\cdot\nabla\boldsymbol{v}\right)=-\nabla p+\mu\nabla^2\boldsymbol{v}+\boldsymbol{f}\ :\ \boldsymbol{f}=(f_x,f_y,f_z) \qquad \text{(II-2)}$$

外力 $\boldsymbol{f}$ に電磁気力 $\boldsymbol{J}\times\boldsymbol{B}$ を代入し，(II-2) の両辺に回転（ローテーション，数学的には式の左側より $\nabla\times$ の演算子を作用させることを意味する）を施

すと(II-3)を得る.

$$\underbrace{\frac{\partial \boldsymbol{\omega}}{\partial t}}_{\text{非定常項}} = \underbrace{\nabla \times (\boldsymbol{v} \times \boldsymbol{\omega})}_{\text{対流項}} + \underbrace{\nu \nabla^2 \boldsymbol{\omega}}_{\text{拡散項}} + \underbrace{\frac{1}{\rho} \nabla \times (\boldsymbol{J} \times \boldsymbol{B})}_{\text{生成項}}, \quad \nu = \frac{\mu}{\rho} \tag{II-3}$$

問 II-1 (II-3)を導出せよ.ただし,ベクトル公式によれば

$$\nabla \times (\boldsymbol{v} \cdot \nabla) \boldsymbol{v} = \nabla \times \left\{ \frac{1}{2} \nabla (\boldsymbol{v} \cdot \boldsymbol{v}) - \boldsymbol{v} \times (\nabla \times \boldsymbol{v}) \right\}$$

$$= \frac{1}{2} \nabla \times \nabla (\boldsymbol{v} \cdot \boldsymbol{v}) - \nabla \times (\boldsymbol{v} \times \boldsymbol{\omega})$$

である.

1.2 エネルギー方程式

ジュール発熱に伴う発熱項を加味したエネルギー方程式は(II-4)となる.

$$c_p \rho \left(\frac{\partial T}{\partial t} + \boldsymbol{v} \cdot \nabla T \right) = \lambda \nabla^2 T + \frac{J^2}{\sigma} \tag{II-4}$$

ここで,σ は導電率(S/m),λ は熱伝導度である.

1.3 磁場の拡散方程式

MHD 近似を施した Maxwell の方程式は次のようになる.

$$\nabla \times \boldsymbol{E} = -\frac{\partial \boldsymbol{B}}{\partial t} \quad \text{(Faraday's law)} \tag{II-5}$$

(II-5)は磁場の時間変化が電場 $\boldsymbol{E}$ に勾配を生じさせる(右辺が原因で,左辺が結果となっている)ことを意味している.

$$\nabla \times \boldsymbol{H} = \boldsymbol{J} \quad \text{(Ampère's law)} \tag{II-6}$$

(II-6)は電流 $\boldsymbol{J}$ が流れると磁場 $\boldsymbol{H}$ に勾配が発生する(右辺が原因で,左辺が結果となっている)ことを表す.

$$\nabla \cdot \boldsymbol{B} = 0 \quad \text{(Gauss' law)} \tag{II-7}$$

(II-7)は磁場は連続であり，任意の領域に入る磁束量と出る磁束量は等しいことを述べている．

$$\nabla \cdot \boldsymbol{E} = 0 \quad \text{(Gauss' law)} \quad \text{(II-8)}$$

(II-8)は導電性媒体中では電場は連続であることを示している．ここで，$\boldsymbol{E}$ は電場(V/m)である．

(II-6)の両辺に発散を表す演算子 $\nabla\cdot$ を作用させると $\nabla\cdot(\nabla\times\boldsymbol{H})=0$ であるので，

$$\nabla \cdot \boldsymbol{J} = 0 \quad \text{(II-9)}$$

(II-9)は電流の連続性を表す．

構成方程式は(II-10)と書ける．

$$\boldsymbol{B} = \mu_m \boldsymbol{H} \quad \text{(II-10)}$$

ここで，$\boldsymbol{B}$ は磁束密度(T)，$\boldsymbol{H}$ は磁場の強さ(AT/m)，μ_m は透磁率(H/m)である．

また，磁場中で電気伝導性流体が運動すると電流が流れるため，Ohmの法則は次のように拡張される．

$$\boldsymbol{J} = \sigma(\boldsymbol{E} + \boldsymbol{v}\times\boldsymbol{B}) \quad \text{(II-11)}$$

(II-5)〜(II-11)より，磁場の拡散方程式が得られる．

$$\underbrace{\frac{\partial \boldsymbol{B}}{\partial t}}_{\text{非定常項}} = \underbrace{\nabla\times(\boldsymbol{v}\times\boldsymbol{B})}_{\text{対流項}} + \underbrace{\nu_m \nabla^2 \boldsymbol{B}}_{\text{拡散項}} \quad \text{(II-12)}$$

$\nu_m(=1/\sigma\mu_m)$ は磁場拡散係数で，物質の拡散係数と同じ (m²/s) の単位（次元）を持つ．

(II-3)と(II-12)を比較すると，両式は同形であることに気づく．なお，(II-12)には生成項がないことに注意したい．(II-3)と(II-12)に表れる両拡散係数の比は磁気プラントル数と呼ばれる無次元数である．

$$Pr_m = \frac{\nu}{\nu_m} \quad \text{(II-13)}$$

これは，運動境界層と磁場の境界層の発達のし易さの比を示す．液体金属では $Pr_m \ll 1$ であり，磁場の境界層の発達が速度のそれより十分速いことを表

す．

非導電性の媒体内では $J=0$ であるから(II-6)より(II-14)となる．
$$\nabla \times H = 0 \tag{II-14}$$
したがって，磁場のスカラーポテンシャル ϕ が存在することになる．
$$B = -\nabla \phi \tag{II-15}$$
(II-7)，(II-15)より(II-16)を得る．
$$\nabla^2 \phi = 0 \tag{II-16}$$
非導電性の媒体内の磁場分布は，適当な境界条件のもとで(II-16)のラプラスの方程式を解いて ϕ を得，これを(II-15)に代入して求める．ラプラスの方程式を満足する関数を調和関数と呼ぶ．

問題 II-2　(II-9)を(II-6)より導出せよ．

問題 II-3　(II-12)を(II-5)〜(II-11)から導出せよ．

問題 II-4　$\nabla \times H = 0$ であれば，磁場のスカラーポテンシャル ϕ が存在する理由を示せ．

2　電磁気力とマックスウェルの応力テンソル

ローレンツ力 f は(II-17)で与えられる．
$$f = J \times B \tag{II-17}$$
(II-17)に(II-6)を代入して，ベクトルの恒等式を使うと(II-18)となる．
$$\begin{aligned} f = J \times B &= \frac{1}{\mu_m}(\nabla \times B) \times B \\ &= \underbrace{\frac{1}{\mu_m}(B \cdot \nabla)B}_{\text{回転成分}} - \underbrace{\nabla\left(\frac{B^2}{2\mu_m}\right)}_{\text{非回転成分}} \end{aligned} \tag{II-18}$$

(II-3)に見るとおり，流体の運動（うず度によって表される）は流体に働く力（体積力 f）によって引き起こされるのではなく，流体に作用する力の勾

配（体積力 $\boldsymbol{f}$ の回転）によって生じる．

例えば，コップの中の水について考えてみよう．水には重力が働いているが放置されたコップの中の水は動かない．このことは重力は水に均一に作用するため，重力の回転は零となり，(II-3)でうず度を生じさせる源が零となるためと理解できる．重力のように回転が零となる"場"をポテンシャル場と言う．なお，コップの中にお湯を入れた場合にはお湯の中に温度分布が生じ，お湯の密度 ρ が不均一となるため，重力 ρg に回転成分が生じる．そのため流体は運動する．これを自然対流と呼ぶが，この場合，流体中の温度分布がポテンシャル場を壊したことになる．

話を戻して，$\boldsymbol{f}$ の回転をとることによってローレンツ力のどの成分が流体運動に寄与しているかを見る．

$$\nabla \times \boldsymbol{f} = \nabla \times \frac{1}{\mu_m}(\boldsymbol{B} \cdot \nabla)\boldsymbol{B} - \underbrace{\nabla \times \nabla\left(\frac{B^2}{2\mu_m}\right)}_{\parallel\ 0}$$

$$= \frac{1}{\mu_m}\nabla \times (\boldsymbol{B} \cdot \nabla)\boldsymbol{B} \tag{II-19}$$

(II-19)から $\boldsymbol{f}$ の回転成分と非回転成分の由来が理解できたことであろう．

次に，流体に磁場 B を印加するとそれだけで流体には応力が作用することになる．この応力をマックスウェルの応力と言い，その応力テンソル σ_{lm} は以下のように定義される．

$$\sigma_{lm} = \frac{1}{\mu_m}\left[B_l B_m - \frac{1}{2}\delta_{lm}|\boldsymbol{B}|^2\right] \tag{II-20}$$

$\boldsymbol{B} = (B_1, 0, 0)$ としたとき，$\sigma_{11} = B_1^2/2\mu_m$，$\sigma_{22} = -B_1^2/2\mu_m$，$\sigma_{33} = -B_1^2/2\mu_m$ となり，図 II-3 に示すように，磁場印加方向には $B_1^2/2\mu_m$ の引張応力が，それと垂直をなす方向には $-B_1^2/2\mu_m$ の圧縮応力が作用する．ここで，δ_{lm} はクロネッカーのデルタとよばれ，$l = m$ のとき 1，$l \neq m$ のとき 0 の値をとる．

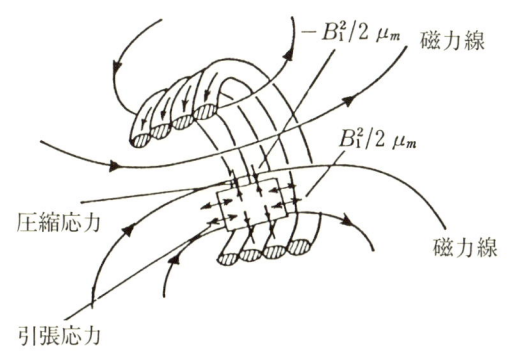

図 II-3 磁力線に伴って現れる応力

3 静磁場(直流磁場)が流れに及ぼす効果

ここでは長方形ダクト内を流れる電気伝導性流体に外部から磁場を印加した場合を想定して，既に導出した理論式から電場，磁場，速度場の関係を求める．想定する系は図 II-4 に示すように z 方向の幅 $2z_0$ と y 方向の厚み $2y_0$ を持つダクト内を非圧縮性の電気伝導性流体（液体金属がこれに当たる）が x 方向に流れ，y 方向の磁場 B_0 が外部より一様にこのダクトに印加されている．これは磁場下での 1 次元非圧縮性流れの問題であり，Hartmann 問題と呼ばれている．仮定として，$z_0 \gg y_0$ とすると，圧力 p 以外の総ての変数は y のみの関数と見なすことができる．

磁場と流速に関する連続の式を示す．

$$\nabla \cdot \boldsymbol{B} = 0 \qquad \text{(II-7)}$$

$$\nabla \cdot \boldsymbol{v} = 0 \qquad \text{(II-21)}$$

$\boldsymbol{B} = (B_x, B_y, B_z)$ と $\boldsymbol{v} = (v_x, v_y, v_z)$ は y のみの関数であるから，(II-7) と (II-21) は $\partial B_y / \partial y = 0$，$\partial v_y / \partial y = 0$ となり，ただちに $B_y = \text{const}$，$v_y = \text{const}$ であることがわかる．したがって (II-22)，(II-23) を得る．

$$B_y = B_0, \quad v_y = 0 \qquad \text{(II-22), (II-23)}$$

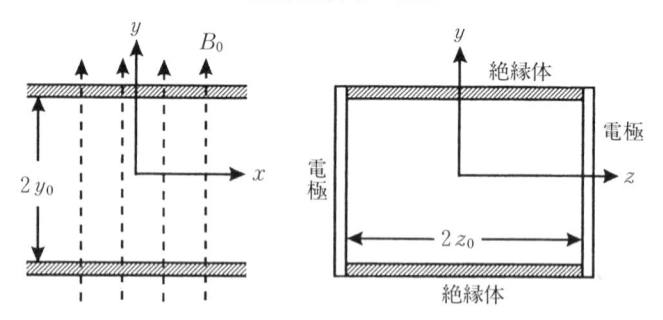

図 II-4　1次元非圧縮性電気伝導性流体の流れ（Hartmann 問題）の構成図

この問題の場合，磁場は時間変化しないため，$\partial \boldsymbol{B}/\partial t = 0$ となり，(II-5) より (II-24) を得る．

$$\nabla \times \boldsymbol{E} = \left(\frac{\partial E_z}{\partial y} - \frac{\partial E_y}{\partial z}, \frac{\partial E_x}{\partial z} - \frac{\partial E_z}{\partial x}, \frac{\partial E_y}{\partial x} - \frac{\partial E_x}{\partial y} \right) = \boldsymbol{0} \tag{II-24}$$

$\boldsymbol{E}$ は y のみの関数であるから (II-24) は $\partial E_z/\partial y = 0$，$\partial E_x/\partial y = 0$ となり，次式を得る．

$$E_z = \text{const}, \quad E_x = \text{const} \tag{II-25, II-26}$$

次に，$\nabla \times \boldsymbol{B} = \mu_m \boldsymbol{J}$ を書き下すと，

$$\left(\frac{\partial B_z}{\partial y} - \frac{\partial B_y}{\partial z}, \frac{\partial B_x}{\partial z} - \frac{\partial B_z}{\partial x}, \frac{\partial B_y}{\partial x} - \frac{\partial B_x}{\partial y} \right) = \mu_m (J_x, J_y, J_z) \tag{II-27}$$

$\boldsymbol{B}$ は y のみの関数であるから (II-28) を得る．

$$\left. \begin{array}{c} \dfrac{\partial B_z}{\partial y} = \mu_m J_x \\[4pt] 0 = \mu_m J_y \\[4pt] -\dfrac{\partial B_x}{\partial y} = \mu_m J_z \end{array} \right\} \tag{II-28}$$

電磁体積力 $\boldsymbol{J} \times \boldsymbol{B}$ は (II-22) と (II-28) から (II-29) のように表せる．

$$\boldsymbol{J} \times \boldsymbol{B} = \begin{vmatrix} \boldsymbol{i}_x, & \boldsymbol{i}_y, & \boldsymbol{i}_z \\ J_x, & 0, & J_z \\ B_x, & B_0, & B_z \end{vmatrix} = (-B_0 J_z, J_z B_x - J_x B_z, J_x B_0) \tag{II-29}$$

次に，Navier-Stokes の方程式である (II-2) を各成分ごとに書くと次のよ

3 静磁場(直流磁場)が流れに及ぼす効果

うになる．

x 成分
$$0 = -\frac{\partial p}{\partial x} + \mu \frac{\partial^2 v_x}{\partial y^2} - B_0 J_z \tag{II-30}$$

y 成分
$$0 = -\frac{\partial p}{\partial y} + J_z B_x - J_x B_z \tag{II-31}$$

z 成分
$$0 = -\frac{\partial p}{\partial z} + \mu \frac{\partial^2 v_z}{\partial y^2} + J_x B_0 \tag{II-32}$$

Ohm's law $\bm{J} = \sigma(\bm{E} + \bm{v} \times \bm{B})$ の中の $\bm{v} \times \bm{B}$ を書き下すと (II-33) となる．

$$\bm{v} \times \bm{B} = \begin{vmatrix} \bm{i}_x, \bm{i}_y, \bm{i}_z \\ v_x, 0, v_z \\ B_x, B_0, B_z \end{vmatrix} = (-v_z B_0, v_z B_x - v_x B_z, v_x B_0) \tag{II-33}$$

したがって，$\bm{J} = (J_x, J_y, J_z)$ は次のように表せる．

$$J_x = \sigma(E_x - v_z B_0) \tag{II-34}$$
$$J_y = \sigma(E_y + v_z B_x - v_x B_z) \tag{II-35}$$
$$J_z = \sigma(E_z + v_x B_0) \tag{II-36}$$

(II-36) を (II-30) に代入すると (II-37) となる．

$$0 = -\frac{\partial p}{\partial x} + \mu \frac{\partial^2 v_x}{\partial y^2} - \sigma(E_z + v_x B_0) B_0 \tag{II-37}$$

一方，(II-31) の両辺を x で偏微分すると (II-38) を得る．

$$0 = -\frac{\partial^2 p}{\partial x \partial y} + \frac{\partial}{\partial x}(J_z B_x - J_x B_z) \tag{II-38}$$

$(J_z B_x - J_x B_z)$ は y のみの関数であることを思い出すと，(II-38) は (II-39) となる．

$$\frac{\partial^2 p}{\partial x \partial y} = 0 \tag{II-39}$$

これを積分すれば (II-40) となる．

$$p = c_1 x + f(y), \quad \frac{\partial p}{\partial x} = c_1 \tag{II-40}$$

したがって，(II-37)において $\partial p/\partial x$ は定数であることがわかる．また E_z も定数であり（(II-25)参照），v_x は y のみの関数であるから，(II-37)は常微分形式で表せる．

$$\therefore \quad \frac{d^2 v_x}{dy^2} - \underbrace{\frac{\sigma}{\mu} B_0^2}_{\text{定数}} v_x = \frac{1}{\mu} \underbrace{\left(\frac{\partial p}{\partial x} + \sigma B_0 E_z \right)}_{\text{定数}} \quad \text{(II-41)}$$

(II-41)を境界条件 $y=0$ で $dv_x/dy=0$，$y=y_0$ で $v_x=0$ の下で解くと(II-42)を得る．

$$v_x = \frac{y_0^2}{Ha^2} \left(\frac{1}{\mu} \frac{\partial p}{\partial x} + \frac{Ha}{y_0} \sqrt{\frac{\sigma}{\mu}} E_z \right) \left\{ \frac{\cosh(Ha\,y/y_0)}{\cosh Ha} - 1 \right\} \quad \text{(II-42)}$$

ここで，$Ha \equiv y_0 B_0 \sqrt{\sigma/\mu}$ で Hartmann 数と呼ばれる無次元数である．

(II-42)は v_x の大きさを決める項 $\frac{y_0^2}{Ha^2} \left(\frac{1}{\mu} \frac{\partial p}{\partial x} + \frac{Ha}{y_0} \sqrt{\frac{\sigma}{\mu}} E_z \right)$ と y 方向の速度分布形状を表す項 $\left\{ \frac{\cosh(Ha\,y/y_0)}{\cosh Ha} - 1 \right\}$ の積となっている．

また，断面平均の流速 $\bar{v}_x$ は(II-42)から(II-43)となる．

$$\bar{v}_x = \frac{1}{2\,y_0} \int_{-y_0}^{y_0} v_x\, dy$$

$$= \frac{y_0^2}{Ha^2} \left(\frac{1}{\mu} \frac{\partial p}{\partial x} + \frac{Ha}{y_0} \sqrt{\frac{\sigma}{\mu}} E_z \right) \left(\frac{\tan Ha}{Ha} - 1 \right) \quad \text{(II-43)}$$

電流密度は(II-36)と(II-42)から求まる．

$$J_z = \sigma E_z \frac{\cosh(Ha\,y/y_0)}{\cosh Ha} + \frac{y_0}{Ha} \sqrt{\frac{\sigma}{\mu}} \frac{\partial p}{\partial x} \left(\frac{\cosh(Ha\,y/y_0)}{\cosh Ha} - 1 \right) \quad \text{(II-44)}$$

したがってダクトの単位長さ（x 方向）当たりの全電流は(II-45)となる．

$$I_z = \int_{-y_0}^{y_0} J_z\, dy$$

$$= 2\,\sigma y_0 E_z \frac{\tanh Ha}{Ha} + \frac{2\,y_0^2}{Ha} \sqrt{\frac{\sigma}{\mu}} \frac{\partial p}{\partial x} \left(\frac{\tanh Ha}{Ha} - 1 \right) \quad \text{(II-45)}$$

この式は電界 E_z と I_z の関係を与える．

Ha が零に漸近すると，

$$\lim_{Ha \to 0} I_z = 2\,\sigma y_0 E_z \quad \text{(II-46)}$$

となり，I_z は圧力勾配（$\partial p/\partial x$）に依存しなくなる．電極間にかかる電圧は，

3 静磁場(直流磁場)が流れに及ぼす効果

$$V_T = -\int_{-z_0}^{z_0} E_z dz = -2\, z_0 E_z \tag{II-47}$$

であるので,(II-45)から(II-48)を得る.

$$V_T = -\frac{z_0 Ha}{\sigma y_0 \tanh Ha} I_z + \frac{2\, y_0 z_0}{Ha\sqrt{\sigma\mu}} \frac{\partial p}{\partial x}\left(1 - \frac{Ha}{\tanh Ha}\right) \tag{II-48}$$

図 II-5 に Hartmann 問題の等価回路を示す.オープン回路では電流は零で $I_z=0$ と置けるので,その電圧は(II-48)より,

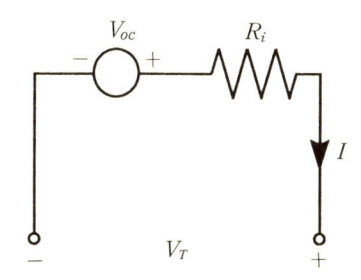

図 II-5 Hartmann 問題の等価回路

$$V_{oc} = \frac{2\, y_0 z_0}{Ha\sqrt{\sigma\mu}} \cdot \frac{\partial p}{\partial x}\left(1 - \frac{Ha}{\tanh Ha}\right) \tag{II-49}$$

となる.一方,電極間を短絡させると $V_T=0$ となり,その時流れる電流は,やはり(II-48)より,

$$I_{sc} = \frac{2\, y_0^2}{Ha} \times 1 \sqrt{\frac{\sigma}{\mu}} \frac{\partial p}{\partial x}\left(\frac{\tanh Ha}{Ha} - 1\right) \tag{II-50}$$

と求まる.上式で,×1 の 1 は x 方向の単位幅を表す.

電気的内部抵抗 R_i は次のようになる.

$$R_i = \frac{V_{oc}}{I_{sc}} = \frac{z_0}{(1 \times y_0)\sigma} \cdot \frac{Ha}{\tanh Ha} \tag{II-51}$$

$Ha \to 0$ では予測のとおり $R_i = z_0/(1 \times y_0)\sigma$ となり,$Ha > 3$ では Ha に比例して増加する.

一方,図 II-6 の回路を参照してキルヒホッフの電圧法則(Kirchhoff's voltage law)を適用すると,

$$V_{oc} - I(R_i + R_L) - V_g = 0 \tag{II-52}$$

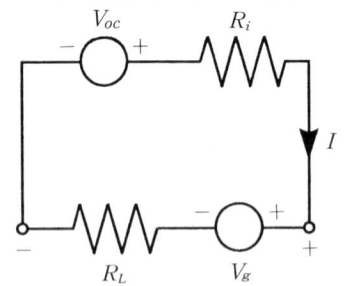

図 II-6 Hartmann 問題の全電気回路

V_{oc} に (II-49)，R_i に (II-51) を代入して回路に流れる電流を見積もると，

$$I = \frac{-V_g + (2\, y_0 z_0/Ha\sqrt{\sigma\mu})(\partial p/\partial x)\{1-(Ha/\tanh Ha)\}}{R_L + (z_0/y_0\sigma)\cdot(Ha/\tanh Ha)} \quad \text{(II-53)}$$

$Ha \to 0$ では $\lim_{Ha\to 0} I = -V_g/(R_L+R_i)$ となって，磁場の印加されない流れからは電流が生じないことを表している．

(II-53) の I を (II-48) の I_z に代入して，$E_z = -V_T/2\,z_0$ の関係を使うと，

$$E_z = \frac{(V_g/2\,\sigma y_0)(Ha/\tanh Ha) + (y_0 R_L/Ha\sqrt{\sigma\mu})(\partial p/\partial x)\{1-(Ha/\tanh Ha)\}}{-\{R_L+(z_0/\sigma y_0)\cdot(Ha/\tanh Ha)\}}$$

$$\text{(II-54)}$$

外部発電気がなく ($V_g=0$)，しかも $R_L=0$ のとき，$E_z=0$ となる．また，$R_L\to\infty$ では，

$$\lim_{R_L\to\infty} E_z = \frac{-y_0}{Ha\sqrt{\sigma\mu}} \frac{\partial p}{\partial x}\left(1-\frac{Ha}{\tanh Ha}\right) \quad \text{(II-55)}$$

となる．(II-54) を (II-42) に代入すると外部回路も含めた速度の完全な表現が求まる．

$$v_x = \frac{\{(z_0/\sigma y_0)+R_L\}(Ha/\tanh Ha)\cdot(1/\mu)(\partial p/\partial x) - (Ha^2 V_g/2\,y_0^2\sqrt{\sigma\mu}\tanh Ha)}{R_L+(z_0/\sigma y_0)\cdot(Ha/\tanh Ha)}$$

$$\cdot \frac{y_0^2}{Ha^2}\left\{\frac{\cosh(Ha\,y/y_0)}{\cosh Ha}-1\right\} \quad \text{(II-56)}$$

$V_g=0$ で $(\partial p/\partial x)<0$ のとき，v_x は正となって $+x$ 方向に流れ，電力が外部回路で取り出せる．さらに，$V_g>0$ では外部発電気が流れを x 方向に加速するポンプの役割を果たすことになる．一方，$V_g<0$ で $(\partial p/\partial x)>0$ のと

3 静磁場(直流磁場)が流れに及ぼす効果

き，V_g が生みだす電磁体積力は圧力勾配 ($\partial p/\partial x$) に逆らうことになる．

(II-56)から平板間の速度分布は $(\cosh(Ha\ y/y_0) - \cosh Ha)$ で表されることがわかる．縦軸に $\left\{\dfrac{\cosh(Ha\ y/y_0) - \cosh Ha}{1 - \cosh Ha}\right\}$，横軸に (y/y_0) を取って速度分布を表したのが図 II-7 である．なお，縦軸を $(1-\cosh Ha)$ で割って縮尺したのは図解しやすくしたためで，定数であるので y 方向の分布には影響しない．$Ha=0$ では放物形であるものが，Ha が増加するに従って台形へと推移することがわかる．放物形の速度分布を持つ流れに磁場を作用させると，速度の速いところにより大きな制動力が働く結果，速度分布が台形になると定性的に理解できる．

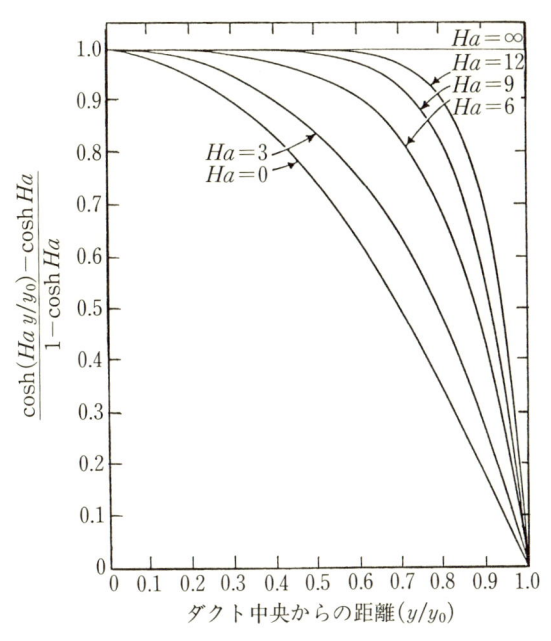

図 II-7 MHDポアズイユ流れ（ハートマン流れ）の速度分布

問 II-5 境界条件 $y=\pm y_0$ で $v_x=0$ の下で(II-42)を導出せよ．

問 II-6 (II-42)で Ha を零に漸近させる ($B\to 0$) と
$$v_x = \frac{1}{2\mu}\cdot\frac{\partial p}{\partial x}y_0^2\left\{\left(\frac{y}{y_0}\right)^2-1\right\}$$
が得られることを示せ．

問 II-7 (II-43)を導出せよ．

問 II-8 (II-44)で速度の大きさを決める項は $Ha\to\infty$ では，$v_x \propto 1/B$ となることを示せ．また，絶縁壁を良導体に換えると（$E_z=0$ を意味する），$v_x \propto 1/B^2$ となることを示せ．

4 磁場の拡散

4.1 モデルの簡略化

次に，先に導出した磁場の拡散方程式を示す．

$$\frac{\partial \boldsymbol{B}}{\partial t} = \underbrace{\nabla\times(\boldsymbol{v}\times\boldsymbol{B})}_{\text{対流項}} + \underbrace{\nu_m \nabla^2 \boldsymbol{B}}_{\text{拡散項}} \quad \text{(II-12)}$$

（非定常項）

対流項と拡散項の比が磁気レイノルズ数である．

$$Re_m = \frac{\text{対流項}}{\text{拡散項}} = \frac{VB/L}{\nu_m B/L^2} = \frac{LV}{\nu_m} = \mu_m \sigma LV$$

磁気レイノルズ数という言葉の由来は Navier-Stokes 式において，

$$\rho\left(\underbrace{\frac{\partial \boldsymbol{v}}{\partial t}}_{\text{非定常項}} + \underbrace{\boldsymbol{v}\cdot\nabla \boldsymbol{v}}_{\text{対流項}}\right) = \underbrace{-\nabla p}_{\text{圧力項}} + \underbrace{\mu\nabla^2 \boldsymbol{v}}_{\text{拡散項}} + \underbrace{\boldsymbol{f}}_{\text{外力項}} \quad \text{(II-2)}$$

対流項と拡散項の比がレイノルズ数であることに由来している．

$$Re = \frac{\text{対流項}}{\text{拡散項}} = \frac{\rho VV/L}{\mu V/L^2} = \frac{\rho VL}{\mu} = \frac{LV}{\nu}$$

溶融金属では $\nu_m = (1/\mu_m\sigma)$ の値は約 $10\ \text{m}^2/\text{s}$ であるので $Re_m \sim 0.1\,LV$ となる．多くの材料電磁プロセスにおいて(代表長さ $=L$)×(代表速度 $=V$)が $10\ \text{m}^2/\text{s}$ を越える装置は少ないと言えることから，通常 $Re_m < 1$ が満たされる．したがって，(II-12)式は次のように簡略化できることになる．

$$\frac{\partial \boldsymbol{B}}{\partial t} = \nu_m \nabla^2 \boldsymbol{B} \tag{II-57}$$

4.2 半無限1次元の磁場の拡散モデル

図 II-8 に示すように z 方向に半無限に広がる金属の表面 ($z=0$) において，x 方向に時間変化する磁場 $B_0 \sin \omega t$ を表面（x-y 面）に均一に印加したとする．この場合，取り扱う磁場の成分は x 方向のみの B_x であり，変化する方向は z 方向となるので，(II-57)は次のようになる．

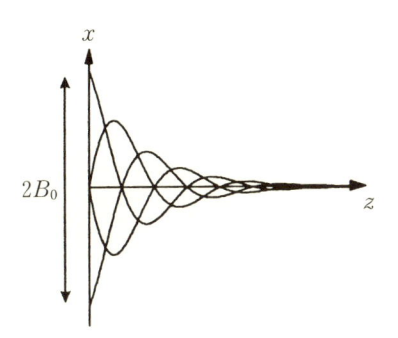

図 II-8 半無限1次元モデル

$$\frac{\partial B_x}{\partial t} = \nu_m \frac{\partial^2 B_x}{\partial z^2} \tag{II-58}$$

金属表面に印加する磁場が周期的に変化する場合，B_x も周期関数となり次のように書ける．

$$B_x(z, t) = b_x(z) \exp(i\omega t) \tag{II-59}$$

(II-59)を(II-58)に代入すると次式を得る．

$$i\omega b_x = \nu_m \left(\frac{d^2 b_x}{dz^2} \right) \tag{II-60}$$

(II-60)を境界条件

$$z=0 \text{ で } b_x = B_0, \quad z=\infty \text{ で } b_x = 0 \tag{II-61}$$

の下に解くと，(II-62)の解を得る．

$$B_x = B_0 \exp\left(-z\sqrt{\frac{\omega}{2\nu_m}}\right) \exp i\left(-z\sqrt{\frac{\omega}{2\nu_m}} + \omega t\right) \tag{II-62}$$

問 II-9 $\sqrt{i} = \dfrac{i+1}{\sqrt{2}}$ の関係を使って(II-62)を導出せよ．

4.3 磁気圧力とジュール熱

アンペールの法則(II-6)に(II-62)を代入して電流密度を求める．

$$\boldsymbol{J} = \frac{1}{\mu_m} \nabla \times \boldsymbol{B} = \frac{1}{\mu_m} \begin{vmatrix} \boldsymbol{i}_x, & \boldsymbol{i}_y, & \boldsymbol{i}_z \\ \dfrac{\partial}{\partial x}, & \dfrac{\partial}{\partial y}, & \dfrac{\partial}{\partial z} \\ B_x, & 0, & 0 \end{vmatrix} = \frac{1}{\mu_m} \left(\frac{\partial B_x}{\partial z} \boldsymbol{i}_y - \frac{\partial B_x}{\partial y} \boldsymbol{i}_z \right)$$

B_x は y 方向には均一に分布しているので，z 成分の電流は零となり y 成分のみとなる．(II-62)で示した B_x を使って J_y を求める．

$$\therefore \quad J_y = \frac{1}{\mu_m} \frac{\partial B_x}{\partial z} = \frac{-1}{\mu_m} \sqrt{\frac{\omega}{2\nu_m}} (1+i) B_0 \exp\left(-z\sqrt{\frac{\omega}{2\nu_m}}\right)$$

$$\cdot \exp i\left\{-z\sqrt{\frac{\omega}{2\nu_m}} + \omega t\right\} \tag{II-63}$$

B_x や J_y の値が表面 ($z=0$) の値 B_0 の $(1/e)$ に減衰する距離 δ を表皮厚さ (skin depth) という．(II-62)，(II-63)から

$$\delta = \sqrt{\frac{2\nu_m}{\omega}} = \sqrt{\frac{2}{\mu_m \sigma \omega}} \tag{II-64}$$

となる．図 II-9 に代表的金属について，δ と $f(=2\omega/2\pi)$ の関係を示す．

次に，$\boldsymbol{J} = (0, J_y, 0)$ と $\boldsymbol{B} = (B_x, 0, 0)$ として，$\boldsymbol{f} = \boldsymbol{J} \times \boldsymbol{B}$ の関係を使ってロ

4 磁場の拡散

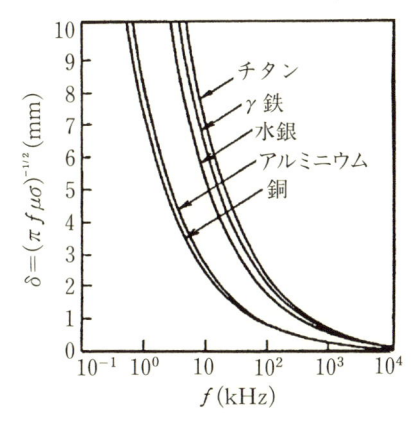

図 II-9　代表的金属の表皮厚さと周波数の関係

ーレンツ力 f を求める．

$$f = J \times B = \begin{vmatrix} i_x, i_y, i_z \\ 0, J_y, 0 \\ B_x, 0, 0 \end{vmatrix} = (0, 0, -J_y B_x) \tag{II-65}$$

したがって，この場合 f は z 成分のみを持つことがわかる．

$$f_z = -J_y B_x \tag{II-66}$$

ここで，対象としている印加磁場の周波数を 100 Hz 以上とすれば，一般に液体金属の運動はこのような周波数で変化する電磁体積力には追従できず，力の平均値が実質的な液体金属の駆動源となる．そのため，ここでは一周期にわたる力の平均値を求める必要が生じる．平均値を求める簡便式を(II-67)に示す．

$$\bar{f}_z \equiv \frac{1}{T}\int_0^T f_z dt = -\frac{1}{T}\int_0^T J_y B_x dt = -\frac{1}{2}\mathrm{Re}\{\mathscr{J}_y \cdot b_x^*\} \tag{II-67}$$

ここで，T は周期，Re{ } は{ }内の実数部を採ることを意味する．また，$\mathscr{J}_y$ と b_x は $J_y = \mathscr{J}_y e^{i\omega t}$，$B_x = b_x e^{i\omega t}$ で定義される関数であり，b_x^* は b_x の共役複素数を表す．

以下に，周期変動する2変数の積の時間平均値を求める簡便法である

(II-67)の誘導を示す．

周期変動する2変数の積の時間平均値は次のように表せる．

$$\frac{1}{T}\int_0^T \mathrm{Re}(Ae^{i\omega t})\cdot \mathrm{Re}(Be^{i\omega t})dt$$

$$=\frac{1}{T}\int_0^T \mathrm{Re}\{(a_1+a_2 i)(\cos\omega t+i\sin\omega t)\}$$

$$\cdot \mathrm{Re}\{(b_1+b_2 i)(\cos\omega t+i\sin\omega t)\}dt$$

$$=\frac{1}{T}\int_0^T (a_1\cos\omega t-a_2\sin\omega t)(b_1\cos\omega t-b_2\sin\omega t)dt$$

$$=\frac{1}{T}\int_0^T a_1 b_1 \cos^2\omega t\, dt+\frac{1}{T}\int_0^T a_2 b_2 \sin^2\omega t\, dt$$

$$-\underbrace{\frac{1}{T}\int_0^T (a_1 b_1+a_2 b_2)\sin\omega t\cdot\cos\omega t\, dt}_{0}$$

$$=\frac{1}{2}(a_1 b_1+a_2 b_2) \qquad (\text{II-68})$$

なお，上式の誘導に当たっては $\cos^2\omega t=\dfrac{1+\cos 2\omega t}{2}$, $\sin^2\omega t=\dfrac{1-\cos 2\omega t}{2}$ の関係を使った．また，a_1, a_2, b_1, b_2 は実数として，$A=a_1+a_2 i$, $B=b_1+b_2 i$ と表した．

一方，

$$\mathrm{Re}\{A^*\cdot B\}=\mathrm{Re}\{(a_1-a_2 i)(b_1+b_2 i)\}=a_1 b_1+a_2 b_2$$
$$\mathrm{Re}\{A\cdot B^*\}=\mathrm{Re}\{(a_1+a_2 i)(b_1-b_2 i)\}=a_1 b_1+a_2 b_2$$

であるから，

$$\frac{1}{T}\int_0^T \mathrm{Re}(A\cdot e^{i\omega t})\cdot \mathrm{Re}(B\cdot e^{i\omega t})dt=\frac{1}{2}\mathrm{Re}\{A^*\cdot B\}$$
$$=\frac{1}{2}\mathrm{Re}\{A\cdot B^*\} \qquad (\text{II-69})$$

となる．すなわち，(II-67)の証明ができたことになる．

(II-67)に(II-62)と(II-63)を代入して $\bar{f}_z$ を求める．

4 磁場の拡散

$$\bar{f}_z = \frac{1}{2}\text{Re}\{-\mathscr{J}_y \cdot b_x^*\}$$

$$= \frac{1}{2}\text{Re}\left\{-\left(\frac{-1}{\mu_m}\right)\sqrt{\frac{\omega}{2\nu_m}}(1+i)B_0\exp\left(-z\sqrt{\frac{\omega}{2\nu_m}}\right)\cdot\exp i\left(-z\sqrt{\frac{\omega}{2\nu_m}}\right)\right.$$

$$\left.\times B_0\exp\left(-z\sqrt{\frac{\omega}{2\nu_m}}\right)\exp\left[-i\left(-z\sqrt{\frac{\omega}{2\nu_m}}\right)\right]\right\}$$

$$= \frac{B_0^2}{2\delta\mu_m}\exp\left(-2\frac{z}{\delta}\right) \tag{II-70}$$

(II-70)は正値を取ることから,金属表面に磁場を印加すると,表面から内部に向かう(z軸の正方向)体積力の生ずることがわかる.また,力の分布も B_x や J_y と同様,表面から内部に向かって減衰するが,減衰の程度は表皮厚さ δ の1/2,$z=\delta/2$ で $1/e$ に減衰する.すなわち,高周波磁場を印加した場合には力は金属表面に集中することになる.

$\bar{f}_z$ を表面($z=0$)から無限遠方($z=\infty$)まで積分すると,(II-71)を得る.

$$p_m = \int_0^\infty \bar{f}_z dz = \int_0^\infty \frac{B_0^2}{2\delta\mu_m}\exp\left(-2\frac{z}{\delta}\right)dz$$

$$= \frac{B_0^2}{4\mu_m} = \frac{B_e^2}{2\mu_m} \tag{II-71}$$

ここで,$B_e=B_0/\sqrt{2}$ で B_e は磁場の実効値を示す.電磁体積力 $\bar{f}_z$ は(N/m³)の単位を持つ.この力は溶融金属表面に集中することから,(II-71)で求まる p_m は見かけ上,金属表面に作用する圧力のように考えることができる.なお,p_m の単位は N/m²=Pa で,(II-71)からわかるとおり p_m は B_e の正負(向き)にかかわらず正値をとることから,p_m の作用方向は金属を押さえる方向(図II-8参照)であることがわかる.この p_m を磁気圧力と呼ぶ.さらに,単位体積当たりの時間平均の発熱速度(ohmic dissipation)は(II-63)と(II-69)を使って次のように求めることができる.

$$\bar{q} = \frac{1}{T}\int_0^T \frac{J_y^2}{\sigma}dt = \frac{1}{2\sigma}\text{Re}\{\mathscr{J}_y^*\mathscr{J}_y\}$$

$$= \frac{\omega B_0^2}{2\mu_m}\exp\left(-2z\sqrt{\frac{\omega}{2\nu_m}}\right) \tag{II-72}$$

また,単位面積当たりの発熱速度 Q(W/m²)は

$$Q = \int_0^\infty \bar{q}\,dz = \frac{1}{2\sqrt{2}} \frac{1}{\mu_m} \sqrt{\frac{\omega}{\mu_m \sigma}} B_0^2 \qquad \text{(II-73)}$$

(II-71)と(II-73)を使うと p_m と Q の関係が次のように求まる．

$$Q = p_m \sqrt{\frac{2\,\omega}{\mu_m \sigma}} \qquad \text{(II-74)}$$

問 II-10 (II-71)を導出せよ．

問 II-11 (II-72)を導出せよ．

問 II-12 (II-74)を導出せよ．

4.4 有限1次元の磁場の拡散モデル

端効果が無視できるように問題を簡単にする．無限長さのソレノイドコイル中に置かれた無限長さの導体を考える．図 II-10 に示すように，コイルに交流電流を流し，交流磁場を発生させ，導体内に浸透する磁場分布を求めることにする．コイル，導体共に無限長さであることから，磁場は軸方向（z方向）成分のみとなる．

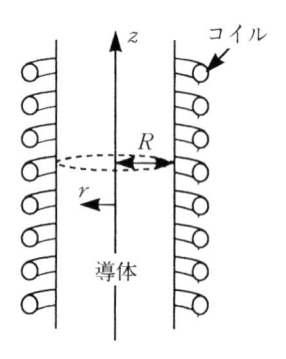

図 II-10 円筒形導体への磁場の浸透モデル図

軸対称を仮定すると磁場の拡散の方程式は次式となる．

4 磁場の拡散

$$\frac{1}{r}\frac{\partial}{\partial r}\left(r\frac{\partial B_z}{\partial r}\right)=\sigma\mu_m\frac{\partial B_z}{\partial t} \tag{II-75}$$

B_z は周期関数であり，(II-76)で表す．

$$B_z(r,t)=b_z(r)e^{i\omega t} \tag{II-76}$$

(II-76)を(II-75)に代入して整理すると(II-77)となる．

$$\frac{d^2b_z}{dr^2}+\frac{1}{r}\frac{db_z}{dr}-i\omega\sigma\mu_m b_z=0 \tag{II-77}$$

ここで，$k^2=-\omega\sigma\mu_m$, $x=kr$ と置くと，

$$\frac{d^2b_z}{dx^2}+\frac{1}{x}\frac{db_z}{dx}+b_z=0 \tag{II-78}$$

(II-78)は0次ベッセル方程式であり，その解は(II-79)となる．

$$b_z=C_1 J_0(x)+C_2 Y_0(x) \tag{II-79}$$

$Y_0(0)=-\infty$ であるから，$C_2=0$ となり，

$$b_z=C_1 J_0(x) \tag{II-80}$$

いま，$r=R$（導体表面）で $b_z=B_0$ とすると，導体内の磁場分布の解は次のようになる．

$$B_z=B_0\left\{\frac{J_0(kr)}{J_0(kR)}\right\}e^{i\omega t} \tag{II-81}$$

ところで，(II-81)に現れる k は複素数であり，(II-81)から直ちに磁場分布（実数部）を求めることはできない．そこで，ケルビン（Kelvin）関数を導入して(II-81)の実部と虚部の分離を図ることにする．

ν 次のケルビン関数（$\mathrm{ber}_\nu(z)$, $\mathrm{bei}_\nu(z)$）とベッセル関数の関係は次式で与えられる．

$$\mathrm{ber}_\nu(z)\pm i\,\mathrm{bei}_\nu(z)=J_\nu(e^{\pm 3\pi i/4}z) \tag{II-82}$$

(II-77)で導入した k は次のように書ける．

$$k=\sqrt{-i\omega\sigma\mu_m}=e^{3\pi i/4}\sqrt{\omega\sigma\mu_m} \tag{II-83}$$

(II-82)と(II-83)を用いると，(II-81)は次のように表せる．

$$\begin{aligned}B_z&=B_0\frac{\{\mathrm{ber}_0(nr)+i\,\mathrm{bei}_0(nr)\}}{\{\mathrm{ber}_0(nR)+i\,\mathrm{bei}_0(nR)\}}e^{i\omega t}\\ &=B_0\frac{\{\mathrm{ber}_0(nr)+i\,\mathrm{bei}_0(nr)\}\{\mathrm{ber}_0(nR)-i\,\mathrm{bei}_0(nR)\}}{\{\mathrm{ber}_0(nR)\}^2+\{\mathrm{bei}_0(nR)\}^2}e^{i\omega t}\end{aligned} \tag{II-84}$$

ここで，$n=\sqrt{\omega\sigma\mu_m}$ である．

求める磁場分布は(II-84)の実数部である．

$$B_z = \frac{B_0}{\{\text{ber}_0(nR)\}^2 + \{\text{bei}_0(nR)\}^2}$$
$$\times [\{\text{ber}_0(nr)\text{ber}_0(nR) + \text{bei}_0(nr)\text{bei}_0(nR)\}\cos\omega t$$
$$- \{\text{bei}_0(nr)\text{ber}_0(nR) - \text{ber}_0(nr)\text{bei}_0(nR)\}\sin\omega t] \quad \text{(II-85)}$$

一方，アンペールの法則の(II-6)を使うと電流密度は次式から求まる．

$$J_\theta = \frac{1}{\mu_m}\left(-\frac{\partial B_z}{\partial r}\right) \quad \text{(II-86)}$$

(II-86)に(II-81)を代入して J_θ を求める．

$$J_\theta = \frac{-1}{\mu_m}\frac{B_0}{J_0(kR)}\cdot\frac{dJ_0(kr)}{dr}e^{i\omega t} = \frac{B_0 k}{\mu_m}\cdot\frac{J_1(kr)}{J_0(kR)}e^{i\omega t}$$
$$= \frac{B_0(i-1)n}{\sqrt{2}\mu_m}\cdot\frac{\text{ber}_1(nr) + i\,\text{bei}_1(nr)}{\text{ber}_0(nR) + i\,\text{bei}_0(nR)}e^{i\omega t} \quad \text{(II-87)}$$

(II-87)の実数部を取ると，

$$J_\theta = \frac{B_0 n}{\sqrt{2}\mu_m\{(\text{ber}_0(nR))^2 + (\text{bei}_0(nR))^2\}}$$
$$\times [-\{\text{ber}_1(nr)\text{ber}_0(nR) + \text{bei}_1(nr)\text{bei}_0(nR)\}\times(\cos\omega t + \sin\omega t)$$
$$-\{\text{bei}_1(nr)\text{ber}_0(nR) - \text{ber}_1(nr)\text{bei}_0(nR)\}\times(\sin\omega t - \cos\omega t)]$$
$$\quad \text{(II-88)}$$

$\boldsymbol{B}=(0, 0, B_z)$ と $\boldsymbol{J}=(0, J_\theta, 0)$ を(II-17)に代入して導体に作用するローレンツ力 $\boldsymbol{f}$ を求める．

$$\boldsymbol{f} = \begin{vmatrix} \boldsymbol{i}_r & \boldsymbol{i}_\theta & \boldsymbol{i}_z \\ 0 & J_\theta & 0 \\ 0 & 0 & B_z \end{vmatrix} = (J_\theta B_z, 0, 0) \quad \text{(II-89)}$$

(II-89)から力は半径方向に作用することがわかる．この体積力の一周期にわたる時間平均値を次に求める．(II-69)の関係を用いると平均値は(II-90)となる．

$$\overline{f}_r = \frac{1}{2}\text{Re}(j_\theta \cdot b_z^*) \quad \text{(II-90)}$$

ここで，$j_\theta(r)$ は $J_\theta(r, t) = j_\theta(r) \cdot e^{i\omega t}$ で定義される関数であり，b_z^* は b_z の共役複素数を表す．

(II-90)に(II-84)と(II-87)を代入すると，

$$\bar{f}_r = \frac{1}{2}\text{Re}\left\{\frac{B_0(i-1)n}{\sqrt{2}\mu_m} \cdot \frac{\text{ber}_1(nr) + i\,\text{bei}_1(nr)}{\text{ber}_0(nR) + i\,\text{bei}_0(nR)}\right.$$

$$\left. \times B_0\frac{\text{ber}_0(nr) - i\,\text{bei}_0(nr)}{\text{ber}_0(nR) - i\,\text{bei}_0(nR)}\right\}$$

$$= -\frac{B_0^2\sqrt{\omega\sigma}}{2\sqrt{2}\mu_m}$$

$$\cdot \frac{\text{ber}_0(nr)\{\text{ber}_1(nr) + \text{bei}_1(nr)\} + \text{bei}_0(nr)\{\text{bei}_1(nr) - \text{ber}_1(nr)\}}{\{\text{ber}_0(nR)\}^2 + \{\text{bei}_0(nR)\}^2}$$

(II-91)

となる．

4.5 移動磁場

図II-11に示すように溶融金属を x 方向に移動させるために，x 方向に伝播する交流移動磁束密度

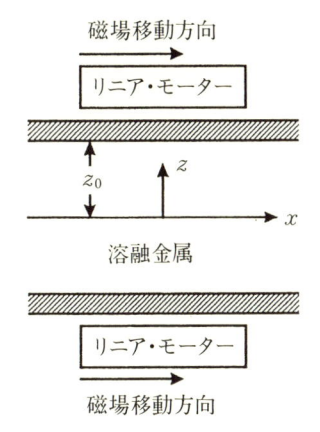

図II-11 移動磁場による溶融金属駆動装置の模式図

$$\boldsymbol{B}(x,z,t) = \boldsymbol{b}(x,z)\cdot\exp(i\omega t) \tag{II-92}$$

をリニア・モーターで印加する．(II-92)を(II-57)に代入して(II-93)を得る．

$$i\omega\boldsymbol{b} = \nu_m\nabla^2\boldsymbol{b} \tag{II-93}$$

$\boldsymbol{b}(x,z)$ は伝播定数 γ で x 方向に正弦波状に伝播し，金属の奥行き方向（z 方向）に磁束が減衰するとして次のように表す．

$$\boldsymbol{b}(x,z) = \begin{cases} b_x = \hat{b}_x(z)\cdot\exp(-i\gamma x) \\ b_y = 0 \\ b_z = \hat{b}_z(z)\cdot\exp(-i\gamma x) \end{cases} \tag{II-94}$$

(II-94)の x 成分である b_x を(II-93)に代入して整理すると(II-95)となる．

$$\frac{d^2\hat{b}_x}{dz^2} - \beta^2\hat{b}_x = 0, \quad \text{ただし，} \beta^2 = \gamma^2 + \frac{i\omega}{\nu_m} \tag{II-95}$$

境界条件（図II-11 参照）

$$\begin{aligned} &z = z_0 \quad \text{で} \quad \hat{b}_x = b_0 \\ &z = 0 \quad \text{で} \quad \frac{d\hat{b}_x}{dz} = 0 \quad \text{（対称条件）} \end{aligned} \tag{II-96}$$

(II-96)の下で(II-95)を解くと(II-97)を得る．

$$B_x = b_0\frac{\cosh(\beta z)}{\cosh(\beta z_0)}\cdot\exp\{i(\omega t - \gamma x)\} \tag{II-97}$$

(II-97)の $\exp\{i(\omega t - \gamma x)\}$ の部分は x 方向に伝播定数 γ で移動する正弦波を表している．

(II-7)より，(II-98)が導かれる．

$$\frac{\partial B_x}{\partial x} + \frac{\partial B_z}{\partial z} = 0 \tag{II-98}$$

(II-98)に(II-97)を代入した式を(II-99)の境界条件の下で解くと(II-100)を得る．

$$z = 0 \quad \text{で} \quad B_z = 0 \quad \text{（対称性）} \tag{II-99}$$

$$B_z = i\gamma b_0\frac{\sinh(\beta z)}{\beta\cosh(\beta z_0)}\cdot\exp\{i(\omega t - \gamma x)\} \tag{II-100}$$

4 磁場の拡散

次に, (II-6) に (II-10) の関係と (II-97), (II-100) を代入し, 電流密度を求める.

$$\boldsymbol{J} = \begin{cases} J_x = 0 \\ J_y = (b_0/\mu_m)(\beta^2 - \gamma^2) \dfrac{\sinh(\beta z)}{\beta \cosh(\beta z_0)} \cdot \exp\{i(\omega t - \gamma x)\} \\ J_z = 0 \end{cases} \quad \text{(II-101)}$$

最後に, (II-97), (II-100), (II-101) を (II-17) に代入し, (II-69) の関係を使って $\boldsymbol{f}$ の時間平均値を求めると次のようになる.

$$\bar{\boldsymbol{f}} = \begin{cases} \bar{f}_x = \dfrac{b_0^2 \omega \sigma \gamma}{2\sqrt{\gamma^4 + (\mu_m \omega \sigma)^2}} \cdot \dfrac{\cosh(2\beta_r z) - \cos(2\beta_i z)}{\cosh(2\beta_r z_0) + \cos(2\beta_i z_0)} \\ \bar{f}_y = 0 \\ \bar{f}_z = \dfrac{b_0^2 \omega \sigma}{2\sqrt{\gamma^4 + (\mu_m \omega \sigma)^2}} \cdot \dfrac{-\beta_i \sinh(2\beta_r z) + \beta_r \sin(2\beta_i z)}{\cosh(2\beta_r z_0) + \cos(2\beta_i z_0)} \end{cases} \quad \text{(II-102)}$$

ここで, β_r と β_i は β の実数部と虚数部を表す.

4.6 境界条件

流体(I)と流体(II)が接する境界で満たされるべき速度, 応力, 電磁場に関する条件を以下に示す.

(a) 速 度

$$\boldsymbol{v}^{(I)} - \boldsymbol{v}^{(II)} = 0 \quad \text{(II-103)}$$

(II-103) は, $v_x^{(I)} = v_x^{(II)}$, $v_y^{(I)} = v_y^{(II)}$, $v_z^{(I)} = v_z^{(II)}$ を意味している. ここで, 上付きのサフィックス(I)と(II)は流体(I)と流体(II)を表す. また, 流体(I)と流体(II)の境界面形状が,

$$F(\boldsymbol{r}, t) = 0 \quad \text{(II-104)}$$

であるとき, 速度 $\boldsymbol{v}$ に乗った座標から見た境界面の移動速度は零とならなければならないので次式が得られる.

$$\frac{DF}{Dt} = \frac{\partial F}{\partial t} + (\boldsymbol{v} \cdot \nabla)F = 0 \quad \text{(II-105)}$$

(b) 応　力

$$[\boldsymbol{n}\cdot(\boldsymbol{T}^{(I)}-\boldsymbol{T}^{(II)})]=0 \tag{II-106}$$

$\boldsymbol{n}$ は境界面に垂直な単位法線ベクトルである．ベクトル $\boldsymbol{n}$ とテンソル $\boldsymbol{T}$ との内積は次のように表現できる．

$$[\boldsymbol{n}\cdot\boldsymbol{T}]=(1,0,0)\begin{pmatrix}T_{11}, T_{12}, T_{13}\\T_{21}, T_{22}, T_{23}\\T_{31}, T_{32}, T_{33}\end{pmatrix}=(T_{11}, T_{12}, T_{13})$$

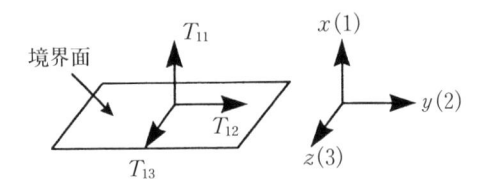

したがって (II-106) は，$T_{11}^{(I)}=T_{11}^{(II)}$，$T_{12}^{(I)}=T_{12}^{(II)}$，$T_{13}^{(I)}=T_{13}^{(II)}$ を意味する．さらに，境界面において表面張力が作用するとき，

$$\boldsymbol{n}\cdot[\boldsymbol{n}\cdot(\boldsymbol{T}^{(I)}-\boldsymbol{T}^{(II)})]=2\frac{\sigma_f}{r} \tag{II-107}$$

ここで，σ_f：表面張力，r：平均曲率半径である．(II-107) は，$\boldsymbol{n}=(1,0,0)$，$[\boldsymbol{n}\cdot(\boldsymbol{T}^{(I)}-\boldsymbol{T}^{(II)})]=(\Delta T_{11}, \Delta T_{12}, \Delta T_{13})$ であるから，$\Delta T_{11}=T_{11}^{(I)}-T_{11}^{(II)}=2\sigma_f/r$ と書ける．

一方，境界面の接線成分については，

$$\boldsymbol{n}\times[\boldsymbol{n}\cdot(\boldsymbol{T}^{(I)}-\boldsymbol{T}^{(II)})]=0 \tag{II-108}$$

で与えられる．すなわち (II-108) は，$\Delta T_{12}=T_{12}^{(I)}-T_{12}^{(II)}=0$，$\Delta T_{13}=T_{13}^{(I)}-T_{13}^{(II)}=0$ を意味している．

(c) 電　磁　場

磁場の保存

境界面を挟んで，ABCDEFGH の仮想体積を作り，$\nabla\cdot\boldsymbol{B}=0$（磁場の保存）をこの体積に適用する．

4 磁場の拡散

$$\int \nabla \cdot \boldsymbol{B} dv = lw(B_\perp^{(I)} - B_\perp^{(II)}) + wd(B_{//}^a - B_{//}^b)$$
$$+ ld(B_{//}^c - B_{//}^d) = 0$$

今，境界面を挟んで d を零に漸近させると，$B_\perp^{(I)} = B_\perp^{(II)}$ となる．すなわち，

$$\boldsymbol{n} \cdot (\boldsymbol{B}^{(I)} - \boldsymbol{B}^{(II)}) = 0 \quad \text{(II-109)}$$

アンペールの法則

境界面を挟んだ ABCD の仮想面を作り，$\nabla \times \boldsymbol{H} = \boldsymbol{J}$ をこの面に適用すると，

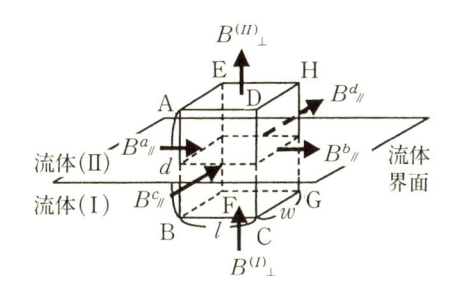

$$\int \nabla \times \boldsymbol{H} d\boldsymbol{S} = \oint \boldsymbol{H} dl$$
$$= l(H_{//}^{(II)} - H_{//}^{(I)}) + d(HB_\perp^a - HB_\perp^b)$$
$$= \int \boldsymbol{J} d\boldsymbol{S} = J_s l$$

d を零に近づけると，$H_{//}^{(II)} - H_{//}^{(I)} = J_s$ となる．ここで，J_s は紙面の垂直方向に境界面上（厚さ無限小の断面）を流れる単位長さ当たりの電流で，これを面電流という．すなわち，

$$\boldsymbol{n} \times (\boldsymbol{H}^{(I)} - \boldsymbol{H}^{(II)}) = \boldsymbol{J}_s \quad \text{(II-110)}$$

電荷の保存

(II-109)の誘導と同様にして，境界面に $\nabla \cdot \boldsymbol{D} = \rho_e$（電荷の保存則）を適用すると，

$$\boldsymbol{n} \cdot (\boldsymbol{D}^{(I)} - \boldsymbol{D}^{(II)}) = \rho_{es} \quad \text{(II-111)}$$

ここで，ρ_{es} は単位界面に現れる電荷である．一般に，金属のような導電性物質では表面に電荷は存在しないので，(II-112)となる．

$$\boldsymbol{n} \cdot (\boldsymbol{E}^{(I)} - \boldsymbol{E}^{(II)}) = 0 \quad \text{(II-112)}$$

電磁誘導

(II-110)の誘導と同様にして，界面に Faraday の法則（$\nabla \times \boldsymbol{E} = -\partial \boldsymbol{B}/\partial t$）を適用する．この場合，$d$ を小さくすると，ABCD 面を貫く磁場 $\boldsymbol{B}$ は零と

なる．すなわち，$\partial \boldsymbol{B}/\partial t = 0$ と置けるので，
$$\boldsymbol{n} \times (\boldsymbol{E}^{(I)} - \boldsymbol{E}^{(II)}) = 0 \tag{II-113}$$
となる．

以上をまとめると，次のとおりである．

$\boldsymbol{n} \cdot (\boldsymbol{B}^{(I)} - \boldsymbol{B}^{(II)}) = 0$　　(II-109)　　すなわち　　$B_\perp^{(I)} = B_\perp^{(II)}$　　(II-114)

$$\frac{B_\perp^{(I)} \uparrow \quad 流体(I)}{B_\perp^{(II)} \uparrow \quad 流体(II)}$$

$\boldsymbol{n} \times (\boldsymbol{H}^{(I)} - \boldsymbol{H}^{(II)}) = \boldsymbol{J}_s$　　(II-110)　　すなわち　　$H_{//}^{(I)} - H_{//}^{(II)} = J_s$　　(II-115)

$$\frac{\longrightarrow H_{//}^{(I)} \quad \diagdown J_s}{\longrightarrow H_{//}^{(II)}}$$

$\boldsymbol{n} \cdot (\boldsymbol{E}^{(I)} - \boldsymbol{E}^{(II)}) = 0$　　(II-112)　　すなわち　　$E_\perp^{(I)} = E_\perp^{(II)}$　　(II-116)

$$\frac{E_\perp^{(I)} \uparrow}{E_\perp^{(II)} \uparrow}$$

$\boldsymbol{n} \times (\boldsymbol{E}^{(I)} - \boldsymbol{E}^{(II)}) = 0$　　(II-113)　　すなわち　　$E_{//}^{(I)} = E_{//}^{(II)}$　　(II-117)

$$\frac{\longrightarrow E_{//}^{(I)}}{\longrightarrow E_{//}^{(II)}}$$

4.7　電磁流体力学に関連する無次元数

流体運動と電磁場に関連する現象を記述する支配方程式は運動量収支式(II-2)と磁場の拡散方程式(II-12)である．

$$\rho\left(\frac{\partial \boldsymbol{v}}{\partial t} + (\boldsymbol{v} \cdot \nabla)\boldsymbol{v}\right) = \underbrace{\mu \nabla^2 \boldsymbol{v}}_{} + \underbrace{\boldsymbol{J} \times \boldsymbol{B}}_{} - \underbrace{\nabla p}_{} \tag{II-2}$$

　　　　　非定常項　対流項　　拡散項　ローレンツ力項　圧力項
　　　　　　∥　　　　∥　　　　∥　　　　∥　　　　　∥
　　　　　(A-I)　　(A-II)　　(A-III)　(A-IV)　　　(A-V)

4 磁場の拡散

$$\underbrace{\frac{\partial \boldsymbol{B}}{\partial t}}_{\substack{\text{非定常項}\\ \parallel \\ \text{(B-I)}}} - \underbrace{\nabla \times (\boldsymbol{v} \times \boldsymbol{B})}_{\substack{\text{対流項}\\ \parallel \\ \text{(B-II)}}} = \underbrace{\nu_m \nabla^2 \boldsymbol{B}}_{\substack{\text{拡散項}\\ \parallel \\ \text{(B-III)}}} \tag{II-12}$$

各項の比を取ることにより次のような無次元数が得られる．

$$Ha = \sqrt{\frac{\text{(A-IV)}}{\text{(A-III)}}} = \sqrt{\frac{(JB)}{(\mu V/L^2)}} = \sqrt{\frac{(\sigma VB) \cdot B}{(\mu V/L^2)}} = BL\sqrt{\frac{\sigma}{\mu}}$$

ハートマン数（Hartmann number）

$$N = \frac{\text{(A-IV)}}{\text{(A-II)}} = \frac{JB}{\rho V^2/L} = \frac{(\sigma VB)B}{(\rho V^2/L)} = \frac{\sigma B^2 L}{\rho V}$$

スチュアート数（Stuart number）あるいは
相互作用係数（interaction parameter）

$$Re_m = \frac{\text{(B-II)}}{\text{(B-III)}} = \frac{VB/L}{\nu_m B/L^2} = \frac{VL}{\nu_m}$$

磁気レイノルズ数（magnetic Reynolds number）

$$W_m = \sqrt{\frac{\text{(B-I)}}{\text{(B-III)}}} = \sqrt{\frac{\omega B}{\nu_m B/L^2}} = L\sqrt{\frac{\omega}{\nu_m}} = \frac{L'}{\delta}$$

磁気ウォマスレー数（magnetic Womersley number）
あるいはシールディングパラメータ（shielding parameter）

その他，電磁流体現象に現れる無次元数としては，

$$Ma_m = \frac{\text{流速}}{\text{アルフベン速度}} = \frac{V}{\sqrt{B^2/\mu_m \rho}}$$

磁気マッハ数（magnetic Mach number）
あるいはアルフベン数（Alfvén number）

$$Pr_m = \frac{\text{流体の動粘性係数}}{\text{磁場の拡散係数}} = \frac{\mu/\rho}{1/\sigma\mu_m} = \frac{\nu}{\nu_m}$$

磁気プラントル数（magnetic Prandtl number）

$$P_m = \frac{\text{磁気圧力}}{\text{動圧}} = \frac{B^2}{\rho \mu_m V^2}$$

磁気圧力数（magnetic pressure number）

次に各無次元数の物理的意味について述べる．

Hartmann 数

$Ha=BL\sqrt{\sigma/\mu}=\sqrt{ReRe_m/Ma_m^2}$ は，粘性力に対するローレンツ力の比を表す．なお，ここでローレンツ力評価において $J\approx\sigma VB$ の関係を用いている．

Stuart 数（あるいは interaction parameter）

$N=\sigma B^2L/\rho V$ は対流項に対するローレンツ力項の比を表す．なお，磁気レイノルズ数 $Re_m\ll 1$ であることを前提にして，$J\approx\sigma VB$ としてローレンツ力の評価を行っている．

Magnetic Reynolds 数

$Re_m=VL/\nu_m=VL\sigma\mu_m$ は，磁場の拡散に対する磁場の対流の比を表す．また，誘導磁場 B_i は $\nabla\times\boldsymbol{H}=\boldsymbol{J}$ から $B_i\approx J\mu_m L$，一方，Ohm の法則から $J\approx\sigma VB$ となる．ここで，B は印加磁場である．したがって $B_i/B=VL\sigma\mu_m$ となって，Re_m は印加磁場に対する誘導磁場の比を表すことになる．材料電磁プロセッシングに現れるプロセスにおいては，$Re_m\leq 1$ となることが多い．

Magnetic Womersley 数

$W_m=L\sqrt{\omega/\nu_m}$ は磁場の拡散速度に対する磁場の変化速度を表す無次元数である．$W_m\ll 1$ では磁場は流体内部にまで十分深く浸透し，表皮効果が現れないことを意味している．

Magnetic Mach 数，Alfvén 数

電気伝導性流体中には流体運動と磁場の変動を伴う横波，Alfvén 波が存在する．Alfvén 波の波速は $\sqrt{B^2/\mu_m\rho}$ で与えられる．Magnetic Mach 数 Ma_m は，この Alfvén 波の速度に対する流体の速度の比である．

Magnetic Prandtl 数

$Pr_m=\nu/\nu_m=Re_m/Re$ は磁場の拡散に対する流体うずの拡散の比を表す無次元数である．材料プロセッシングで取り扱う系ではこの無次元数の値は非常に小さい．例えば水銀では約 10^{-7} である．このことは磁場の拡散はうず

の拡散よりはるかに容易であることを物語っている．

Magnetic Pressure 数

$P_m = B^2/\rho\mu_m V^2$ は流体の動圧に対する磁気圧力の比を表す無次元数である．

その他の無次元数

$Ha^2 Re/Gr = \sigma V B^2/\rho g \beta \Delta T$ …浮力とローレンツ力の比を表す．

ここで，Gr は Grashof 数で $Ha^2/Gr =$ (ローレンツ力)(粘性力)/(浮力)(慣性力) である．

材料電磁プロセッシング III

本章では，前章で示した電磁流体力学の知見に基づいて，電場・磁場が電気伝導性流体に示す機能を列挙して，その内容を説明し，電磁気力利用技術を機能別に分類した．次に，具体的な適用例を通じて，各機能がどのようにプロセスにおいて活用されるかを学ぶことにする．新たな機能の創出こそ，材料電磁プロセッシングの発展に繋がるものであり，読者からの新たな機能の提案を期待したい．

1　電場・磁場が電気伝導性流体に示す機能

1.1　形状制御機能

図 III-1 に示すように，溶融金属の表面上に x-z 平面を取り，表面を原点として垂直外向きに軸の正の方向を取る（直交右手系）．メタルの外側に配置された導線（その幅は金属表面積に比して十分広いものとする）を通してメタル表面に平行な x 方向に電流を流すと(II-6)に基づいて z 方向に均一磁場 B_z が生ずる．B_z がメタル中に誘導する電流密度 J は(II-6)によって次のように求められる．

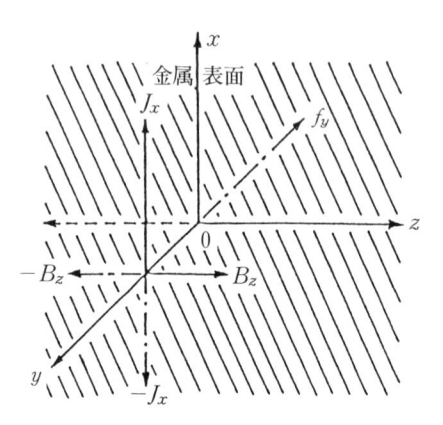

図 III-1　形状制御機能を説明する原理図

1 電場・磁場が電気伝導性流体に示す機能

$$J_x = \frac{1}{\mu_m}\frac{\partial B_z}{\partial y} \tag{III-1}$$

$$J_y = -\frac{1}{\mu_m}\frac{\partial B_z}{\partial x} \tag{III-2}$$

いま，B_z が x 方向には均一であるとすれば $J_y=0$ となる．J_x と B_z によってメタル中に誘導される電磁体積力は(II-17)から次のように求まる．

$$f_y = -J_x \cdot B_z = -\frac{1}{\mu_m}\frac{\partial B_z}{\partial y} \cdot B_z = -\frac{1}{2\mu_m}\frac{\partial B_z^2}{\partial y} \tag{III-3}$$

y 方向の電磁体積力 f_y を $y=-\infty$（表皮厚さ δ より十分深い位置）から $y=0$（表面）にわたって積分したものが金属表面に作用する y 方向の単位面積当たりの力，すなわち磁気圧力 p_m ということになる．

$$p_m = \int_{-\infty}^{0} f_y dy = -\frac{1}{2\mu_m}B_0^2 \tag{III-4}$$

ここで，境界条件として $y=0$ で $B_z=B_0$，$y=-\infty$ で $B_z=0$ とした．(III-4)から p_m は負値であり，p_m は溶融金属を表面から内部に向かって押す方向に作用していることがわかる．なお，ここまでの展開を見る限りでは x 方向に直流電流を流してできる静磁場 B_z でも磁気圧力 p_m が生ずることになるが，実は，その場合には時間の経過に伴って磁場の拡散が生じ，$\partial B_z/\partial y \to 0$ となるので，p_m は生じない．一方，交流電流を x 方向に印加してできる交流磁場を作用させた場合には，B_z は常に y 方向に勾配を持つことから p_m は零とはならない．また，溶融金属表面に張られた導線に流す電流の向きにかかわらず p_m が負値を取ることは(III-4)から自明であり，溶融金属は外側から押される圧縮力を受けることになる．この原理を用いれば，コイルに交流電流を印加して溶融金属の形状を制御することが可能となる．

(III-4)の誘導をより一般化すると次のようになる．(II-6)を(II-17)に代入してベクトル演算の公式を用いると(III-5)が得られる．

$$\boldsymbol{f} = \boldsymbol{J}\times\boldsymbol{B} = \frac{1}{\mu_m}(\nabla\times\boldsymbol{B})\times\boldsymbol{B} = \underbrace{\frac{1}{\mu_m}(\boldsymbol{B}\cdot\nabla)\boldsymbol{B}}_{f_1} - \underbrace{\nabla\left(\frac{B^2}{2\mu_m}\right)}_{f_2} \tag{III-5}$$

(III-5)は先に(II-18)として誘導済みである．(III-5)の $f_1=(1/\mu_m)(\boldsymbol{B}\cdot\nabla)\boldsymbol{B}$

はその回転（ベクトル演算で $\nabla \times$ を作用させること）を施しても零となるとは限らない $[\nabla \times (\boldsymbol{B} \cdot \nabla) \boldsymbol{B} / \mu_m \neq 0]$ が，$f_2 = \nabla(B^2/2\mu_m)$ の回転は $\boldsymbol{B}$ のいかんにかかわらず，常に零となる $[\therefore \nabla \times \nabla(B^2/2\mu_m) = 0]$. すなわち，$f_1$ は回転力となり得るのに対し，f_2 は常に非回転力であることがわかる．(II-3)からわかるとおり $\boldsymbol{f}$ が回転力である場合には流体は駆動され，非回転力である場合にはうず度 $\boldsymbol{\omega}$ の生成項が生じないため，流体は駆動されない．したがって，流体が占める全域にわたって $\boldsymbol{f}$ が非回転力である場合には流体内部の静圧が $\boldsymbol{f}$ と均衡するように流体形状が変化することになる．すなわち，非回転力は流体形状を変化させる圧縮応力としてのみ流体に作用することになる．

次に，第II章の4.2項で展開した半無限1次元モデルを使って f_1 と f_2 の大きさの比を求めてみよう．

$$f_1 = \frac{1}{\mu_m}(\boldsymbol{B} \cdot \nabla)\boldsymbol{B} = \frac{1}{\mu_m}\left(B_x \frac{\partial}{\partial x} + B_y \frac{\partial}{\partial y} + B_z \frac{\partial}{\partial z}\right)\boldsymbol{B} \tag{III-6}$$

となるが，$\boldsymbol{B}$ の主成分は B_x で，他はほとんど無視し得るので（1次元モデルの場合），

$$f_1 \approx \frac{1}{\mu_m} B_x \frac{\partial B_x}{\partial x} \approx \frac{1}{\mu_m} \frac{B_0^2}{L} \tag{III-7}$$

となる．なお，1次元モデルでは B_x の x 方向分布はないとしているが，実際のプロセスでは B_x に x 方向分布が生ずることは避けられず，その勾配を装置の代表長さ L を用いて次のように近似する．

$$\frac{\partial B_x}{\partial x} \approx \frac{B_x}{L} \tag{III-8}$$

一方，B_x が大きな勾配を持つのは(II-61)からわかるとおり z 方向であるので，

$$f_2 = \nabla\left(\frac{B^2}{2\mu_m}\right) \approx \frac{\partial}{\partial z}\left(\frac{B_x^2}{2\mu_m}\right) \tag{III-9}$$

となる．(III-9)の B_x に(II-62)を代入して f_2 を求めると次のようになる．

$$f_2 = \frac{1}{2\mu_m}\left\{-2\sqrt{\frac{\omega}{2\nu_m}}(1+i)\right\}B_0^2 = \frac{1}{\mu_m}\left(-\frac{1+i}{\delta}\right)B_0^2 \tag{III-10}$$

(III-7)と(III-10)からf_1とf_2の比は次のようになる．

$$\left|\frac{f_2}{f_1}\right| \approx \frac{L}{\delta} \tag{III-11}$$

ここで，$\delta = (2/\mu_m \sigma \omega)^{1/2}$は(II-64)で定義した表皮厚さで，$\omega$は交流の角周波数である．$\omega$の増大に伴って$\delta$は減少し，$|f_2/f_1|$は大きくなる．すなわち，ローレンツ力はもっぱら非回転力として働くようになる．したがって，溶融金属の形状制御を図る場合には，高い周波数を用い，一方1.5項で述べる駆動（撹拌）を目的とする場合には低い周波数を使用すればよいことになる．

1.2 流動抑制機能

図III-2に示すようにy方向の磁束B_yの作用下においてx方向の流れv_xが存在すると，(II-11)に基づいてz方向の誘導電流が生じる．

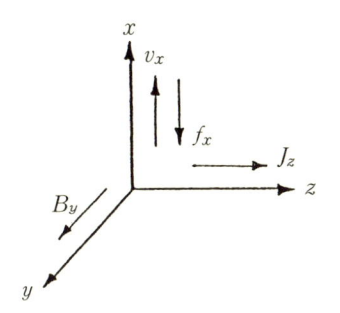

図III-2 流動抑制機能を説明する原理図

$$\boldsymbol{J} = \sigma \boldsymbol{v} \times \boldsymbol{B} = (0, 0, \sigma v_x B_y) \tag{III-12}$$

この$J_z = \sigma v_x B_y$を(II-17)に代入すると，

$$\begin{aligned}\boldsymbol{f} &= \boldsymbol{J} \times \boldsymbol{B} = (-J_z B_y, 0, 0) \\ &= (-\sigma v_x B_y^2, 0, 0)\end{aligned} \tag{III-13}$$

となり，x方向に$-\sigma v_x B_y^2$の体積力f_xが生ずることになる．このf_xはその負符号が示すとおり，v_xと逆方向に作用し，v_xの抑制力となる．この議論はz方向の流れv_zが存在する場合にも同様に成立し，その際誘導される力

は $f_z = -\sigma v_z B_y^2$ となる.すなわち,磁場の印加方向である y 方向以外の流れはすべて抑制されることになる.なお,電気的境界条件によっては(III-12)で J_z の電流回路が形成されない場合があり[1],そのような場合には f_x も生じないことになるので注意が必要である.

1.3 波動抑制機能

溶融金属は電気伝導性であり,直流磁場を印加した場合には1.2項の流動抑制と同じ理由により波動抑制がなされる.図III-3に示すように,直流磁場の印加方向には(a)鉛直磁場,(b)横断磁場,(c)平行磁場の3通りがある.詳しくは本章の2.4節に示すが,結論を述べると,(a)鉛直磁場では磁束密度の2乗に比例して波動は減衰し,(b)横断磁場では,液深方向に磁場勾配があるときのみ抑制機能が現れる,(c)平行磁場では,磁束密度のほぼ

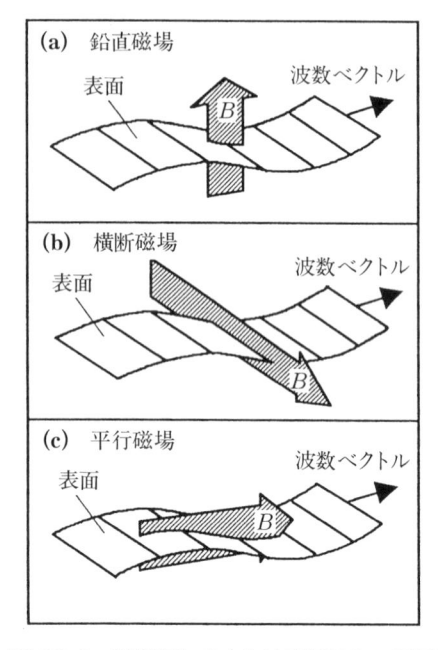

図III-3 磁場印加方向と波動運動との関係

2乗に比例して波動が減衰する，となる．

一方，高周波磁場を印加した場合には，高周波磁場のピンチ効果（磁気圧力）が磁束密度の高い波の頂上部では強く，磁束密度の低い谷では弱いため，波動抑制効果が現れると考えられるが[2]，理論的および実験的検討は共に不十分であり，定説がないのが現状である．

1.4 分離・凝集機能

図III-4に見るとおり溶融金属に直流電流と静磁場を互いに直行する方向に印加すると，金属にはローレンツ力が働くが，電気伝導度の小さい介在物には電流が流れにくいためローレンツ力はほとんど生じない．そのため，介在物はそれを取り巻く金属から反作用力を受け，溶融金属中に生じる電磁気力の方向とは逆の方向に移動する．この際，介在物が溶融金属から受ける力を"**電磁アルキメデス力**"と呼んでいる[3]．

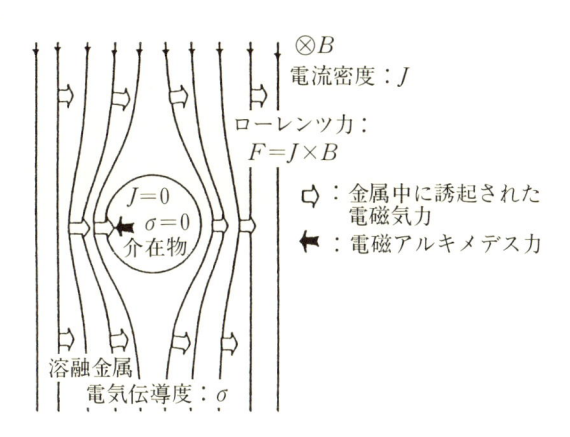

図III-4 電磁気力による介在物分離の原理図

いま，介在物に代わり，溶融金属よりも電気伝導度の良い粒子が存在したとすると，粒子に電気力線が集中するため，溶融金属より大きなローレンツ力を受け，ローレンツ力の作用方向に移動することになる．

1.5 駆動(撹拌)機能

　直流の電流密度J_x（x方向）と直流の磁束密度B_y（y方向）を直交するように印加すると，(II-17)に従って電磁体積力f_z（z方向）が誘発される．

$$f_z = J_x B_y \tag{III-14}$$

同様のことは，交流電流（$J_x = \sqrt{2} J_e \sin(\omega t)$）と交流磁場（$B_y = \sqrt{2} B_e \sin(\omega t - \beta)$）を印加した場合にも生じる．この場合，体積力は交流の一周期の間に変化するので，次式に示すように交流の一周期にわたって平均を取る．

$$\begin{aligned}\bar{f}_z &= \frac{1}{T}\int_0^T \sqrt{2} J_e \sin(\omega t)\cdot \sqrt{2} B_e \sin(\omega t - \beta) dt \\ &= J_e B_e \cos \beta\end{aligned} \tag{III-15}$$

ここで，βは電流と磁場の位相差，Tは周期，J_e, B_eは交流の実効値を表す．

　交流電流と直流磁場あるいは交流磁場と直流電流を重畳印加する場合，時間的にその方向と大きさを変える体積力が誘起される．交流の一周期が流体の機械的緩和時間（$t_{rel} = \rho L^2 / 2\pi\mu$）より短い場合には，流体は体積力の変化に追従できず，見かけ上，一周期にわたって時間平均した体積力が流体に作用したように振る舞う．逆に，交流の一周期が流体の機械的緩和時間に比べて長い場合，流体は体積力の変化に追従し反転流（交番流）が生ずる．

　一方，電流の直接印加は行わず，磁場のみによって金属を駆動するには交流の移動磁場を用いる．電磁体積力の誘導は(II-102)に示したとおりである．

$$f = \begin{cases} f_x = \dfrac{b_0^2 \omega \sigma \gamma}{2\sqrt{\gamma^4 + (\mu_m \omega \sigma)^2}} \cdot \dfrac{\cosh(2\beta_r z) - \cos(2\beta_i z)}{\cosh(2\beta_r z_0) + \cos(2\beta_i z_0)} \\ f_y = 0 \\ f_z = \dfrac{b_0^2 \omega \sigma}{2\sqrt{\gamma^4 + (\mu_m \omega \sigma)^2}} \cdot \dfrac{-\beta_i \sinh(2\beta_r z) + \beta_r \sin(2\beta_i z)}{\cosh(2\beta_r z_0) + \cos(2\beta_i z_0)} \end{cases} \tag{II-102}$$

ここで，$\beta^2 = \gamma^2 + i\omega/\nu_m$で，$\beta_r$と$\beta_i$は$\beta$の実数部と虚数部である．実際の

電磁撹拌装置では b_0 が x 方向に分布することになるが，b_0 が定数と見なせる場合には(II-102)で示した f の回転，$(\nabla \times f)$ の y 成分は $(\nabla \times f)_y = (\partial f_x/\partial z - \partial f_z/\partial x) = (\partial f_x/\partial z - 0)$ となり，f_z の方は回転に寄与していないことがわかる．すなわち，x 方向に移動する交流の移動磁場を印加した場合には，z 方向の力 f_z は形状制御機能を示す圧縮力として働き，x 方向の力 f_x は流体にうず度を生じせしめる駆動力となる．なお，実装置では b_0 は x の関数となるため，f_z もまた回転に少し寄与することになる．

1.6 振動機能

交流電流と直流磁場あるいは直流電流と交流磁場を重畳印加する場合，交流の一周期が流体の機械的緩和時間より短くても，体積力が大きいと流体の粘性に打ち勝って流体中に振動が生じる．その振動数が大きい場合には，電磁超音波を発生する．なお，高周波磁場を単独印加する場合にも，誘導磁場との相互作用によって電磁超音波を発生させることが可能である[4]．

1.7 飛散機能

電磁体積力を重力あるいは表面張力による保持力より大きく取ることにより，溶融金属を飛散させることができる．
$$|J \times B| > \max\{|\rho g|, 3\sigma_f/2a^2\} \tag{III-16}$$
ここで，σ_f は表面張力，a は溶融金属の半径である．
(III-16)は飛散機能を表す．

1.8 浮揚(重力変更)機能

(II-17)で表される電磁体積力を重力と平衡させることによって，材料を空中に浮揚させることができる．その平衡条件は，次式で与えられる．
$$J \times B = \rho g \tag{III-17}$$

体積 $V(\equiv \int dv)$ の物体を空中浮揚する条件は，(III-17)を積分型に替えることによって得られる．

$$\int \bm{J} \times \bm{B} dv = \bm{g} \int \rho dv \qquad (\text{III-17})'$$

高周波磁場によるレビテーションやコールド・クルーシブルによる浮揚の場合，被浮揚物体内にローレンツ力分布が生じる．その際，浮揚条件は(III-17)′から求められる．(III-17)，(III-17)′は浮揚機能を表す．

また，直流電流と直流磁束を印加することによって，次式で示すように，見かけ上，重力加速度を $\bm{g}$ から $\bm{g}'$ に変化させることも可能となる．

$$\rho \bm{g}' = \rho \left| \bm{g} - \frac{\bm{J} \times \bm{B}}{\rho} \right| \qquad (\text{III-18})$$

(III-18)は重力変更機能を表す．

1.9 昇温機能

電気伝導性流体では電流 $\bm{J}$ が流れると次式で示されるジュール熱が生ずる．

$$q = \frac{|\bm{J}|^2}{\sigma} \qquad (\text{III-19})$$

(III-19)は昇温機能を表す．ここで，電流 $\bm{J}$ は(II-5)と(II-11)に基づいて次のように表すことができ，その起源には3種類あることがわかる．

$$\bm{J} = \underbrace{\bm{J}_0}_{\text{第1項}} + \underbrace{\sigma \left(-\frac{\partial \bm{A}}{\partial t} \right)}_{\text{第2項}} + \underbrace{\sigma \bm{v} \times \bm{B}}_{\text{第3項}} \qquad (\text{III-20})$$

ここで，$\bm{A}$ は磁場のベクトルポテンシャル（$\bm{B} = \nabla \times \bm{A}$, $\nabla \cdot \bm{A} = 0$ で定義されるベクトル）である．

1) 第1項は外部より印加された電流
2) 第2項は交流磁場による誘導電流
3) 第3項は磁場中の電気伝導性流体の運動によって誘導される電流である．

一方,交流磁場によって生ずるジュール熱は(II-72)に見るとおりである.

$$\bar{q} = \frac{\omega B_0^2}{2\mu_m} \cdot \exp\left(-2z\sqrt{\frac{\omega}{2\nu_m}}\right) \tag{II-72}$$

この式から,周波数の増大に伴って発熱速度は増大し,かつ表層に集中するようになることがわかる.(II-72)は磁場による昇温機能を表す.

1.10 流速検出機能

磁束密度 B の存在下で電気伝導性流体が流速 v で移動すると誘導起電力が生ずる.これはフレミングの右手の法則であり(III-21)で表される.

$$\bm{E} = -\bm{v} \times \bm{B} \tag{III-21}$$

B が既知の場合,(III-21)に基づいて E を測定して v を求めることができる.

1.11 複合機能

複合機能とは,基本機能を複数個の組にして用いるものである.精錬機能は分離・凝集,駆動,振動,飛散,浮揚,昇温の各機能が組み合わさって生まれる機能である.また,流動抑制,駆動,振動,浮揚の各機能から凝固組織制御機能が生まれる.

2 電磁気力利用プロセス

電場・磁場が電気伝導性流体に示す機能に基づいて主要プロセスを分類し,表 III-1 に示した.ここでは各機能別に各プロセスを説明する.

表 III-1　電磁気力利用技術の機能別分類

基本原理	材料処理に用いる機能		プロセス
ローレンツ力 $f = J \times B$	(a)	形状制御 $p_m = -B^2/2\mu_m$	コールド・クルーシブル，浮揚溶解，電磁鋳造，電磁塑性変形，軟接触凝固
	(b)	流動抑制 $f = \sigma(v \times B) \times B$	磁場中チョクラルスキー法，電磁ブレーキ，電磁堰
	(c)	波動抑制 $p_m = -B^2/2\mu_m$ $f = \sigma(v \times B) \times B$	電磁堰，電磁鋳造
	(d)	分離・凝集	電磁介在物分離
	(e)	駆動（撹拌）	直流の電流と磁場による撹拌，移動磁界による撹拌，電磁ポンプ，介在物の遠心力による分離
	(f)	振動	電磁振動，電磁超音波
	(g)	飛散 $\|J \times B\| > \max\{\|\rho g\|, 3\sigma_f/2a^2\}$	電磁アトマイゼーション
	(h)	浮揚 $\|J \times B\| = \|\rho g\|$	水平電磁鋳造，気泡生成頻度制御
ジュール熱	(i)	昇温 $q = J^2/2\sigma$	コールド・クルーシブル，浮揚溶解，高周波加熱，通電加熱
フレミングの右手の法則	(j)	速度検出 $E = -v \times B$	速度センサー
複合機能	(k)	精錬 (d)+(e)+(f)+(g)+(h)+(i)	電磁精錬，介在物除去
	(l)	凝固組織制御 (b)+(e)+(f)+(h)	結晶粒微細化，結晶粗大化，単結晶育成，過冷凝固

2 電磁気力利用プロセス

2.1 形状制御機能

2.1.1 電磁鋳造

電磁鋳造（EMC：electromagnetic casting）は，1966年にソ連邦のGezelev[5]によって考案されたプロセスで，その後，欧米のアルミニウム素材製造会社がその開発に取り組み，現在は商用ベースで稼働している[6]．

溶融金属を連続的に固める連続鋳造機の鋳型に替わり，図III-5に示すような，1～数ターンのコイルを配置する．このコイルに周波数1～数キロヘルツの高周波電流を通電すると，溶融金属表面に高周波磁場が発生し，溶融金属内部に電磁気力が誘導される．この場合，周波数が高いため，表皮厚さδは約1mm以下となり，電磁気力は磁気圧力$p_m = B_e^2/2\mu_m$（誘導は(II-71)を参照）として溶融金属の表面に作用することになる．この磁気圧力p_mおよび表面張力に伴う圧力増分$p_c = \sigma_f/r$を溶融金属の静圧増分$p_s (= \rho g h)$と

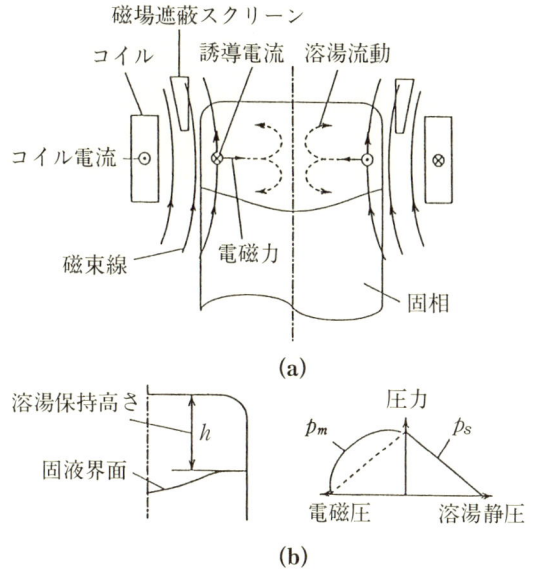

図III-5 電磁鋳造の原理

動圧増分 $p_{dyn}(=(1/2)\rho v^2)$ とに平衡させることにより，溶融金属は鋳型を用いることなく，無接触で保持される．

$$p_m + p_c = p_s + p_{dyn} \tag{III-22}$$

2.1.2 軟接触凝固

溶鋼の連続鋳造にあっても EMC は大変魅力的な技術ではあるが，鋳造速度がアルミニウムに比べて 10 倍以上であるため，溶湯保持高さ h が大きくなる．さらに，鉄はアルミニウムと比較して密度 ρ が約 2 倍であるため，EMC の原理である $\rho g h = B_e^2/2\mu_m$ の達成が難しく，その実現はこれまで困難とされてきた．ところが最近，鋳型の外側より高周波磁場の印加を行い，表面品質の向上を図る**軟接触凝固**の提案がなされた[7]．この方法で鋳込まれた錫の鋳片の外観を図 III-6 に示す．磁場の印加によって表面性状の顕著な改善が見られる[8]．

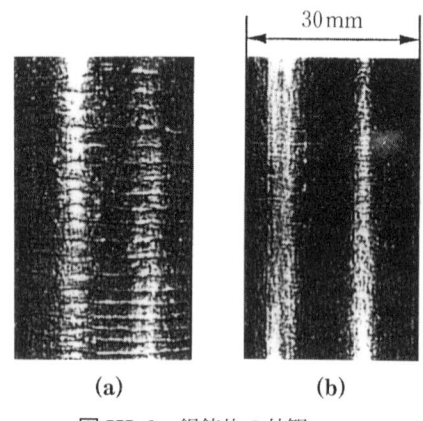

図 III-6 錫鋳片の外観
　　　　（a）磁場印加なし
　　　　（b）磁場印加あり

さらに一歩進めて，これまで EMC で用いてきた連続的な高周波磁場に代わり間欠的な高周波磁場を印加する提案もなされている[9]．この**間欠型高周波磁場**（以後，間欠磁場と略称する）と湯面形状の経時変化を模式図として

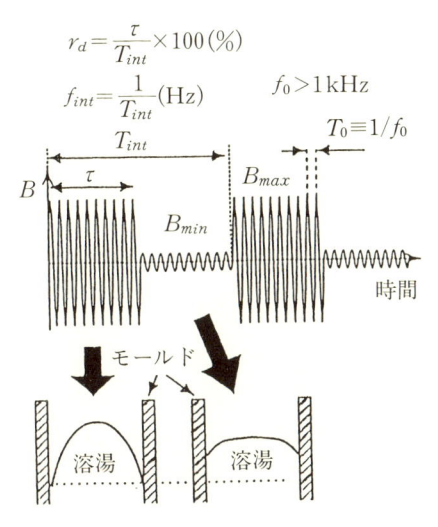

$$r_d = \frac{\tau}{T_{int}} \times 100 \, (\%)$$

$$f_{int} = \frac{1}{T_{int}} \, (\text{Hz})$$

$f_0 > 1\,\text{kHz}$

$T_0 \equiv 1/f_0$

図 III-7 間欠型高周波磁場の波形と溶湯の形状変化

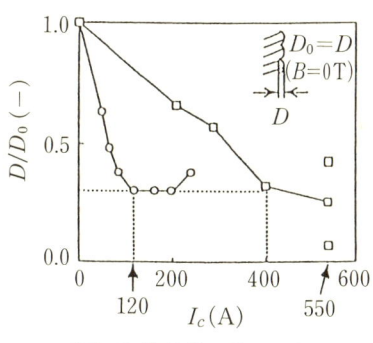

$D_0 = D$ ($B = 0\,\text{T}$)

□:連続磁場, ○:間欠磁場

図 III-8 連続鋳造された錫の表面性状に及ぼすコイル電流 I_c の影響

図 III-7 に示す．この磁場は周波数 f_0 が 1 kHz 以上の高周波磁場で構成されており，最大および最小の磁束密度 B_{max} と B_{min} が 1~1/100 s の周期 T_{int} で切り替え可能である．この切り替え周波数を間欠印加周波数($f_{int} = 1/T_{int}$)と呼ぶ．また，間欠印加の一周期中 B_{max} を印加している割合 r_d も任意に設定することができる．間欠磁場の印加によって湯面形状は一周期ご

とに変化を繰り返す.

間欠磁場印加と通常の高周波磁場（以後，連続磁場と略称する）印加が鋳片表面性状に及ぼす差異を明らかにするため，この二種類の磁場の印加下で錫の連続鋳造実験を行った．得られた鋳片の表面粗度を図III-8に示す．図中の□印は連続磁場を印加した場合のもので，○印は間欠磁場を印加した場合のものである．いずれの場合においてもコイル電流 I_c の増大に伴い表面粗度 D は減少している．破線で示す表面性状の鋳片を得るに要する電流量は間欠磁場印加によって400 Aから120 Aと大幅に低減した.

現在，鋼の連鋳片の約半数が鋳造後いったん常温にて表面手入れを行った後，再び加熱され圧延工程にまわされている．本技術が溶鋼の鋳造に適用された暁には鋳片を無手入れのまま圧延工程にまわす直送圧延が可能となる．我が国の鉄鋼の総生産量に基づいて，直送圧延に伴う省エネルギー量を試算すると，全国のエネルギー消費量の約0.2%，高知県の全エネルギー消費量に匹敵するものとなる[10].

2.1.3 コールド・クルーシブル

コールド・クルーシブルは，セグメントに切った金属製水冷るつぼを高周

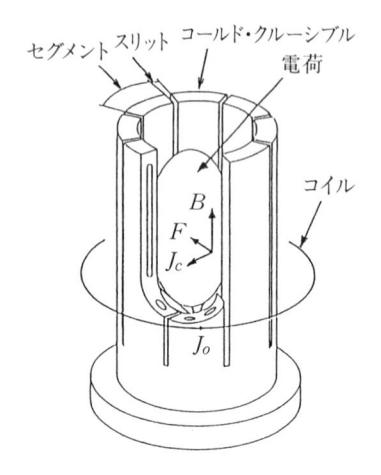

図III-9 コールド・クルーシブルの原理

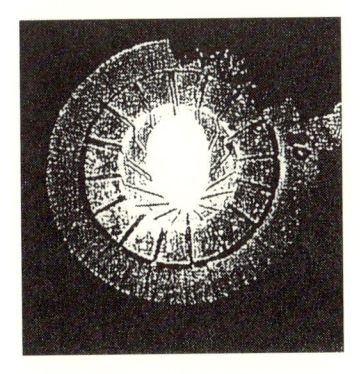

図 III-10 コールド・クルーシブルによるアルミニウムの溶解・保持

波誘導コイル中に設置したものである（図 III-9 に模式図を示す）．磁気圧力による無接触保持（図 III-10 参照）と溶解の機能を備えたるつぼである．

2.2 流動抑制機能

2.2.1 電磁ブレーキ

　直流磁場印加による溶鋼流動抑制の原理は(III-13)に示すとおりで，直流磁界はその印加方向（逆方向も含む）以外の流動を抑制する．この原理に基づいた流動抑制技術が電磁ブレーキである．従来の電磁ブレーキは図 III-11 に示すようにノズル吐出口近辺に磁場を印加する A タイプのものであったが，近年スラブ幅方向全面にわたって印加する B タイプのものに移りつつある．さらに B タイプも 1 段のものと 2 段のものに分類できる．一段印加か多段印加かのいずれが有利であるかの議論は電磁流体力学的考察に留まらず，冶金的考察も加味する必要がある．

　静磁場を印加して乱流の発生を抑制する磁場中チョクラルスキー法も電磁ブレーキの応用例の一つであり，Si 単結晶育成に適用されている[12]．

2.2.2 複層鋳片

　図 III-12 に示すように連鋳プールの中央部に静磁場を横断的に印加する

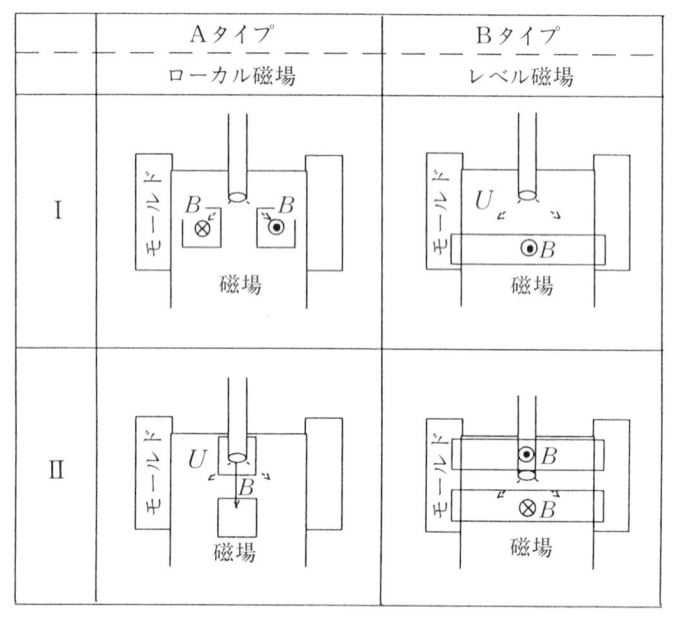

	Aタイプ ローカル磁場	Bタイプ レベル磁場
I		
II		

図 III-11　電磁ブレーキ印加方法の分類[11]

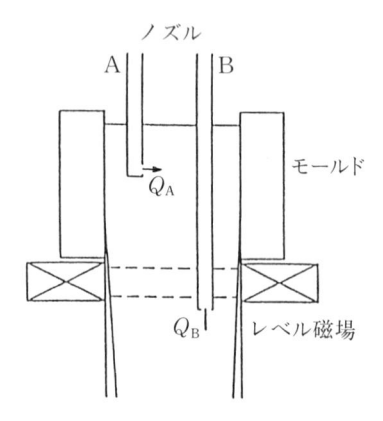

図 III-12　磁場印加による複層鋼板製造装置原理図

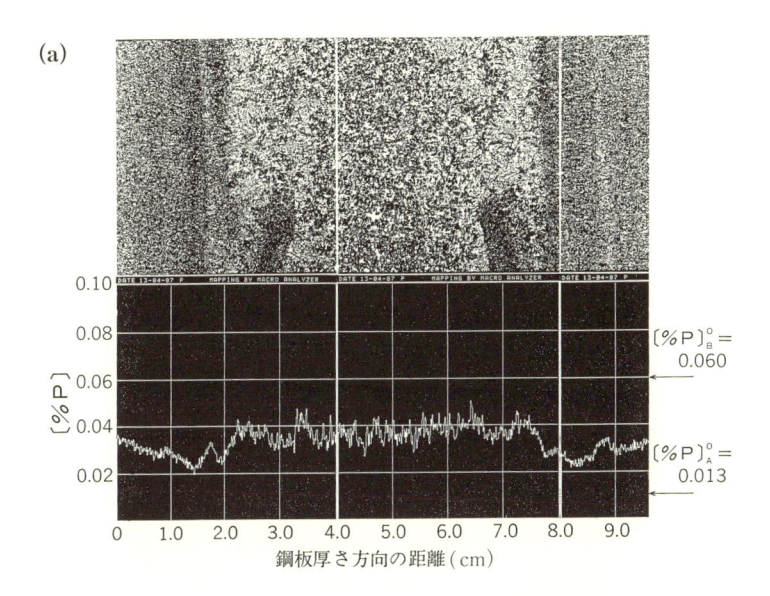

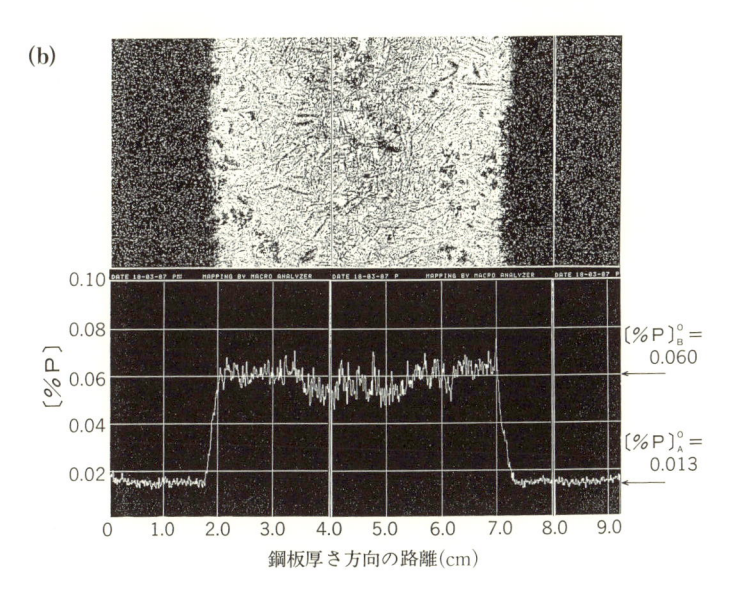

図 III-13　複層鋼板の断面における燐の分布[11]
　　　　　（a）磁場印加なし，（b）磁場印加（0.55 T）あり

と磁場の上部と下部の溶鋼の混合が抑制できる．今，上部にステンレス鋼を，下部に普通鋼を流量 Q_A と Q_B 注ぐとすれば，表層をステンレス鋼，中身を普通鋼とするクラッド鋼ができる[11]．図III-13は燐をトレーサーとして静磁場を印加した場合と，しない場合のトレーサーの分散状況の違いを見たものである．溶鋼対流の抑制に及ぼす静磁場印加の効果が顕著に見られる．本技術はクラッド鋼の安価・増産に繋がるばかりでなく，ステンレス鋼の圧延限界を超える極薄板が得られるなど，圧延後の鋼板には特殊な機能の発現がみられ，大きな期待が寄せられている．

2.3 波動抑制機能

Shercliff[13] は，電気伝導性流体に直流磁場を印加する場合の波動抑制について理論的に検討し，Robinson[14] は，それを理論と実験の両面から明らかにした．Chandrasekhar[15] は，密度の異なる2流体界面の不安定性現象として表面波動を捉え，鉛直磁場と水平磁場の効果を系統的にまとめている．Garnier と Moreau[2] は交流磁場印加によって生じる磁気圧力によって表面波動が抑制可能であることを理論的に示した．

一方，材料製造プロセスにおいて溶融金属の表面波動が問題となっており，波動抑制に関する研究が活発に行われるようになってきた．小塚らは，直流磁場を鉛直方向[16]，横断方向[1]，平行方向[17] に作用させた場合についてそれぞれ理論解析と実験を行い静磁場による波動抑制効果を定量化した．

2.4 分離・凝集機能

溶融金属中に電磁気力を誘導する方法には図III-14に見るとおり4通りがある．電極を介して通電するものには電流と磁場を直接印加するものと電流を印加するものがあり，電極を必要としないものには，ソレノイドコイルによる交流磁場印加と移動磁場印加によるものがある．1954年にLeenovとKolin[18]が一様の電磁気力下では球形の介在物粒子に力が作用することを

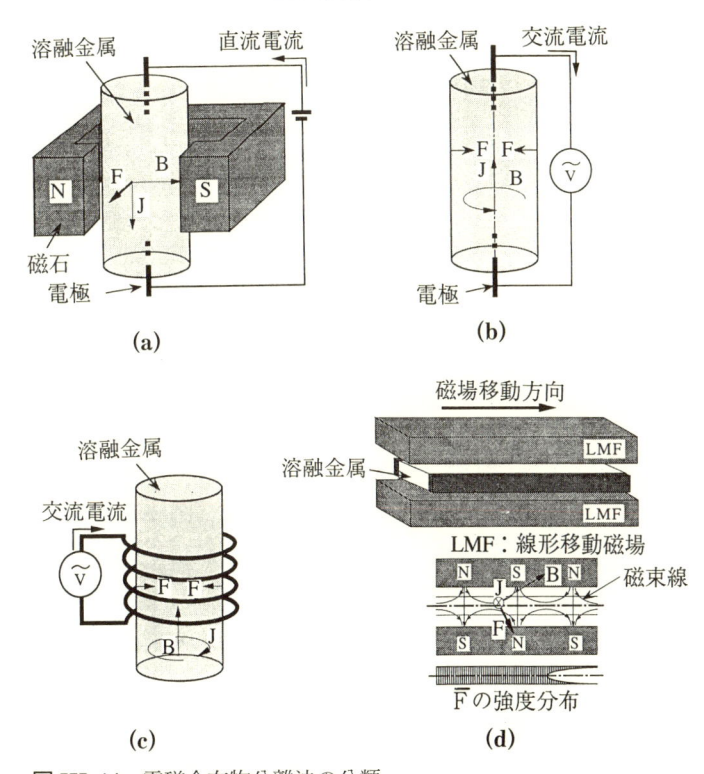

図 III-14 電磁介在物分離法の分類
　　　　(a) 直流(交流)電流と直流(交流)磁場の印加，電極必要
　　　　(b) 直流あるいは交流電流の印加，電極必要
　　　　(c) 交流磁場の印加，電極不要
　　　　(d) 移動磁場の印加，電極不要

明らかにし，その後，Bepme ら[19]が電磁気力を印加することにより介在物が動くことを実験により示した．さらに80年代になるとMartyとAlemany[20]によって円筒型介在物に作用する分離除去力の理論式が示された．電磁気力による介在物除去を行う場合，磁場勾配に起因する電磁気力の不均一が溶融金属の流動をもたらすので，この抑制が必須となる．朴ら[21]は細管を多数配した流路に溶融金属を流通させた上で，電磁気力を印加する方法を提案した．細管中では流動が抑制されるので，電磁気力による介在物

の移動が顕在化できる.一方,Patel と El-Kaddah[22)]によって周波数の効果が理論的に検討された.電磁気力の印加方法には種々あり,固定交流磁場印加によるものについては Korovin[23)] が理論式を導出し,谷口ら[24)] は反応工学的観点からプロセス解析を行い,実操業に有用な知見を見いだしている.さらに,田中ら[25)]は商用周波数の移動磁場を用いる方法を提案し,移動磁場に介在物分離という新たな機能を見いだした.山尾ら[26)]は固定交流磁場印加による介在物除去について実験と理論の両面から検討を加え,除去効率に及ぼす操業因子の効果を明らかにしている.

2.5 昇温機能

セラミックス,塩,ガラス等の無機物は融点以下の温度においては電気絶縁性を示すものの,融解に伴って電気伝導度が著しく上昇する.そのため,最初に適当な大きさの融液部があれば,金属など電気伝導性材料と同様に高周波磁場印加による誘導発熱が見られ,溶融領域が拡大する.一方,水冷炉壁近傍では冷却によりその拡大は抑制され,未融解層と再凝固層または焼結層とから成るスカルを外側に形成する.このスカルにより溶融部は直接炉壁に接触しないため,非汚染融解が可能となり,炉材選択の必要がなくなる.このように被融解物の電気伝導特性を利用する高周波誘導加熱・スカル融解法は,1960 年に Sterling と Warren[27)] の研究に始まり,1970 年代初期に Aleksandrov ら[28)] により実用化の域まで高められた.現在,本法は一方向凝固や CZ 法のるつぼとして採用され,MgO,TiO_2,Fe_3O_4,$Nd_3Ga_5O_{12}$,ZrO_2 などの単結晶の製造プロセスに使用されている[28),29)].また,非汚染融解の特色を生かして,高級ガラスの溶解炉および放射性廃棄物ガラス固化の融解炉としても注目を集めている.本法には,磁場発生用の水冷コイルを直接るつぼとして利用するもの[30),31)]とコールド・クルーシブル(2.1.3 参照)を使用するものとがある.本融解法では,温度場,磁場および速度場が相互に強く結びついており,これらプロセス変数の特性を把握することなしには本プロセスの合理的設計は望めない.これまでのところ本法の理論解析の報

告[30),31)]はわずかであり，未だ十分とは言えない状況にある．

2.6 駆動(撹拌)機能

材料電磁プロセッシングにおける"駆動機能"は主に溶湯の撹拌を目的として種々の材料製造プロセスに適用されている．特に，連続鋳造における"電磁撹拌"は鉄鋼製造プロセスにおいてなくてはならないプロセスとなっている．また，高級材料へのニーズに応えるべく，二次精錬分野においても介在物の凝集を目的とした電磁撹拌プロセスが種々研究されている．他の用途としては鋳型への注湯を目的とした電磁ポンプなどが駆動機能を利用した代表的プロセスである．

2.7 振動機能

Vivésら[32),33)]は直流磁場 0.7 T と交流電流 350 A, 60 Hz をアルミニウム合金（A 356）に同時印加し凝固組織への影響を調べた．その結果を図 III-15 に示す．(a)と(b)は電磁気力をかけずに鋳造し，(a)は急速に，(b)はゆっくりと冷却したものであり，両方に柱状デンドライトが認められる．(c)は電磁圧力 p_m を 0.30 気圧にしたもので，粗いデンドライトの断片と大きなクラスターが存在している．(d)と(e)は，$p_m=0.52$ 気圧の電磁圧力をかけた組織で，電磁振動が結晶組織を微細化している．(f)は電磁圧力 $p_m=1.16$ 気圧でキャビテーション状態を引き起こすに十分な電磁振動を印加して得られた組織である．この場合はキャビテーション効果のないもの((d), (e))よりも，結晶がさらに微細化している．このように強力な電磁振動を加えると組織がキャビテーションで破壊され微細化することがわかる．

従来，音波や超音波を凝固中の金属に加えることにより，マクロ組織やミクロ組織の変化，結晶粒の微細化，脱ガス等の生じることが知られている[34)]．音波や超音波の発生には，磁歪型もしくは電歪型振動子を用いるが，

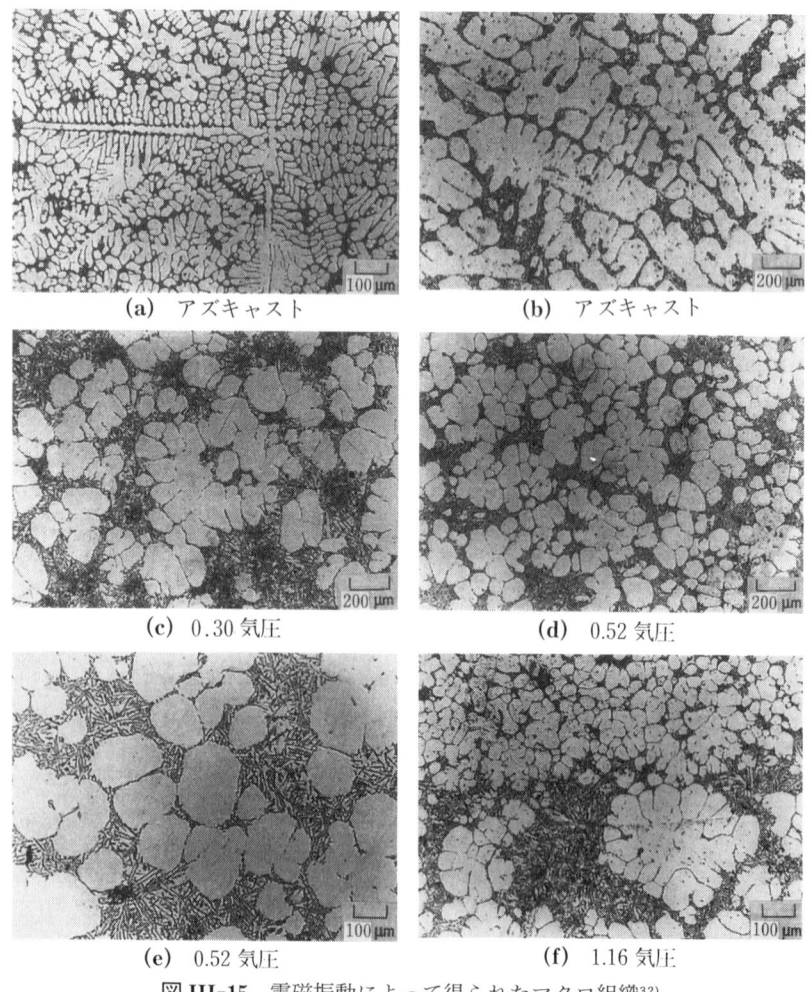

(a) アズキャスト (b) アズキャスト
(c) 0.30 気圧 (d) 0.52 気圧
(e) 0.52 気圧 (f) 1.16 気圧

図 III-15　電磁振動によって得られたマクロ組織[32]

　水晶やグラファイトなどで造られる振動子は，溶融金属に浸漬すると急速に溶け出す．また，振動子の表面近傍ではキャビテーションも生じるため，強度も求められる．すなわち，振動子のコストや溶湯汚染の問題から，連続鋳造等大量の溶湯処理プロセスへの超音波の適用は難しい．上述の観点を踏まえ，非接触で溶融金属に超音波を生じさせる電磁超音波が天野，岩井ら[4]に

よって提案された．溶融ガリウムに 2.2 kHz の高周波磁場を印加する実験を行った結果，印加磁場の周波数の 2 部，強度の 2 乗に比例する音圧の発生を観測し，電磁超音波の発生が確認された．

2.8 飛散機能

El-Kaddah ら[35)]は交流電流と直流磁場の同時印加により周期的に変化するローレンツ力を用いて溶融金属の飛散を行う方法を提案している．実験装置図を図 III-16 に示す．噴霧化速度は磁場の強さにはほとんど依存せず，電極間距離に依存すること，また磁場を強くすることによって粒子径を小さくすることは可能だが，粒子径分布は磁場や電極間距離では制御できないと報告している．

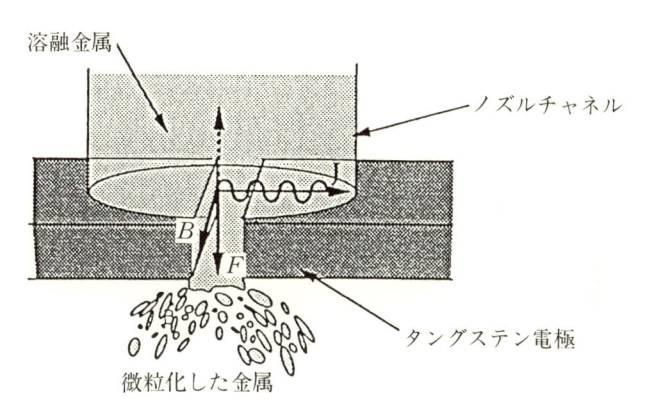

図 III-16　交流電流と直流磁場による溶融金属微粒化法[35)]

Alemany ら[36)]は図 III-17 に示すような方法の微粒化法を提案している．耐火物製のノズルに供給された溶融金属はノズル周囲に設けた回転磁場によって強い遠心力を受け，ノズル先端から薄い皮膜となって噴出し，表面張力によって小さな液滴に分散される．また，Kolesnichenko ら[37)]は図 III-18 に示すように(a)誘導タイプと(b)磁場と外部通電を組み合わせたものを提案している．

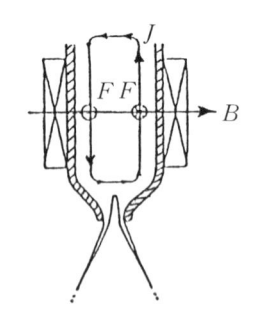

図 III-17 遠心力による溶融金属の微粒化法[36]

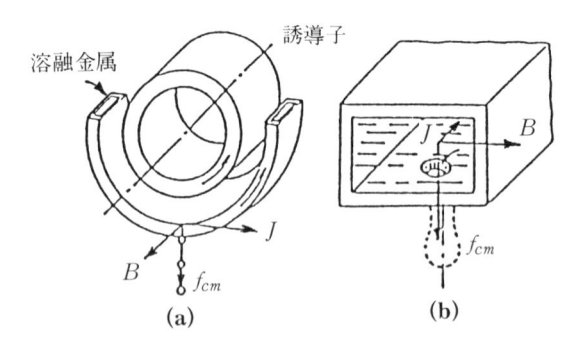

図 III-18 （a）誘導タイプと（b）磁場と外部通電による溶融金属の微粒化法[37]

2.9 流速検出機能

永久磁石によって印加された磁場 B の下で，導電性流体が速度 v で運動するとフレミングの右手の法則により起電力 U が生じる．

$$U \propto (v \times B) \cdot l \tag{III-23}$$

ここで，l は方向を持った長さのベクトルである．

この原理に基づいて浸漬電極で直接 U を測定し，検量線で補正係数 k を求め流速 v を(III-24)に基づいて決める．

$$v = k \cdot d \cdot B \cdot U \tag{III-24}$$

ここで，d は電極間距離である．これが Vivés プローブの原理[38]である．

2 電磁気力利用プロセス

細谷ら[39]は図III-19に示す3種類のプローブを製作し，その特性を調べた．その結果を図III-20に示す．このプローブは小型でかつ簡単な構造であるにもかかわらず，局所流速を比較的精度良く求めることができる．なお，本法を永久磁石のキュリー点を越える高温系に適用することはできない．

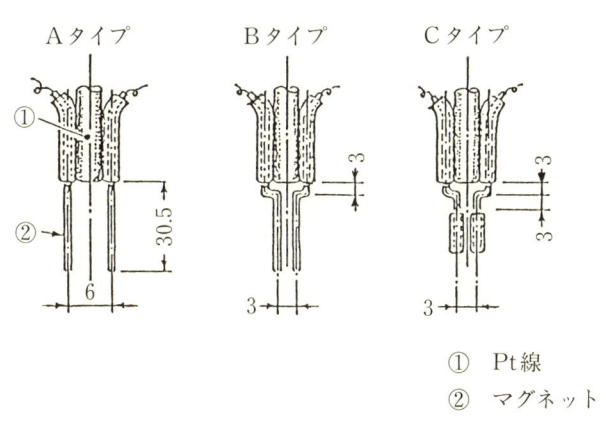

Aタイプ　　Bタイプ　　Cタイプ

① Pt線
② マグネット

図III-19　試作されたプローブの形状[39]

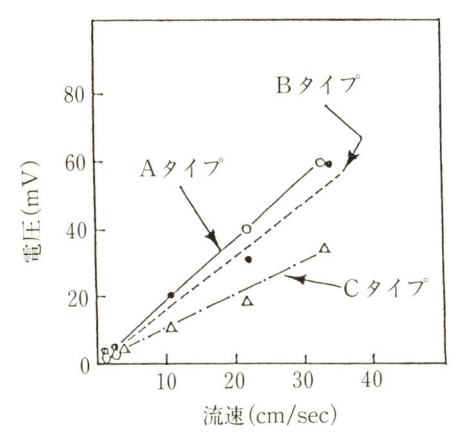

図III-20　流速と電圧の線形関係[39]

3 材料電磁プロセスの分類

電場と磁場の印加方法に基づいて材料電磁プロセスを分類すると次のようになる．

3 材料電磁プロセスの分類

- 磁場を印加するもの
  - 直流磁場
    - 磁場中チョクラルスキー法
    - 電磁ブレーキ
    - 溶融金属の形状制御
    - 双ロール法における薄帯の側端部形状制御
  - 移動交流磁場 数 Hz〜60 Hz
    - 連鋳の電磁撹拌
    - ASEA-SKF
    - 電磁ポンプ
    - 回転式電磁噴霧
    - ノズル流量制御
  - 固定交流磁場 60Hz〜メガHz
    - 高周波誘導炉
    - 電磁鋳造
    - コールド・クルーシブル
    - レビテーション・メルティング
    - 溶融金属の薄膜化
- 電流を印加するもの
  - 直流電流
    - VAR
    - ESR
    - ARC 溶接
    - 通電加熱
    - アルミニウム精錬炉
    - プラズマ
  - 交流電流
    - VAR
    - ESR
    - ARC 溶接
    - 通電加熱
    - プラズマ
- 電場と磁場を印加するもの
  - 直流電流 直流磁場
    - 静磁場通電方式電磁撹拌
    - 水平式電磁鋳造
    - 気泡発生頻度制御
    - ESR 電磁撹拌
    - 凝固組織の微細化
  - 直流電流 交流磁場
    - 溶接の磁気撹拌
  - 交流電流 直流磁場
    - ESR, VAR における流動抑制
    - 気泡発生頻度制御
  - 交流電流 交流磁場
    - ESR 電磁撹拌
    - 凝固組織の微細化

文　献

1) 小塚敏之, 浅井滋生, 鞭厳：鉄と鋼, 75 (1989) 3, pp. 470-477

2) M. Garnier and R. Moreau : J. Fluid Mech., 127 (1893), pp. 365-377

3) 山尾文孝, 佐々健介, 岩井一彦, 浅井滋生：鉄と鋼, 83 (1997) 1, pp. 30-35

4) S. Amano, K. Iwai and S. Asai : ISIJ Int., 37 (1997) 10, pp. 962-966

5) Z. N. Getselev : U. S. patent 3467166

6) T. R. Pritchett : Light Metal Age (1981) 10, p. 12

7) 浅井滋生：第 129, 130 回　西山記念技術講座, 日本鉄鋼協会 (1989), pp. 51-77

8) T. Li, S. Nagaya, K. Sassa and S. Asai : Metall. Trans., 26 B (1995), April, pp. 353-359

9) 李　廷挙, 佐々健介, 浅井滋生：鉄と鋼, 82 (1996) 3, pp. 197-202

10) JRCM NEWS, No. 142 (1998), p. 4

11) E. Takeuchi, H. Tanaka and H. Kajioka : Proceedings of Int. Symp. on Electromagnetic Processing of Materials, Nagoya, ISIJ (1994), Oct., pp. 364-371

12) K. Hoshi, T. Suzuki, T. Okubo and N. Isawa : Extended Abstracts Electrochem. Soc. Spring Meeting, Vol. 8-1 (Electrochem. Soc., Pennington, NJ), (1980), p. 811

13) J. A. Shercliff : J. of Fluid Mech., 38 (1969), p. 353

14) I. S. Robinson : J. of Fluid Mech., 69 (1975), p. 475

15) S. Chandrasekhar : Hydrodynamic and Hydromagnetic Stability, [Oxford Press], London (1961), pp. 457-466

16) 小塚敏之, 浅井滋生, 鞭厳：鉄と鋼, 74 (1988) 12, pp. 2278-2285

17) 小塚敏之, 木下誠, 鞭厳, 浅井滋生：鉄と鋼, 76 (1990) 10, pp. 1696-1703

18) D. Leenov and A. Kolin : J. Chem. Phys., 22 (1954), p. 683

19) E. F. Cfpmf：溶融金属の電磁鋳込と電磁処理, 日・ソ通信社 (1968), p. 113

20) Ph. Marty and A. Alemany : Proceeding of Symposium of IUTAM, The Metal Society (1984), p. 245

21) 朴 焌杓, 森平淳志, 佐々健介, 浅井滋生:鉄と鋼, 80 (1994), pp. 389-394
22) A. D. Patel and N. El-Kaddah: Proc. Int. Symp. Electromagnetic Processing of Materials, Nagoya, Japan, ISIJ (1994), p. 115
23) V. M. Korovin: Magnetohydrodynamics, 21 (1985), p. 321
24) 谷口尚司, J. K. Brimacombe: 鉄と鋼, 80 (1994) 1, pp. 24-29
25) 田中佳子, 佐々健介, 岩井一彦, 浅井滋生:鉄と鋼, 81 (1995) 12, pp. 1120-1125
26) 山尾文孝, 佐々健介, 岩井一彦, 浅井滋生:鉄と鋼, 83 (1997) 1, pp. 30-35
27) H. F. Sterling and R. W. Warren: Nature, 25 (1961), p. 745
28) V. I. Aleksandrov, V. V. Osiko, A. M. Prokhorov and V. M. Takarintsev: Vestn. Akad. Nauk SSSR, 12 (1973), p. 29
29) J. F. Wenckus: J. Crystal Growth, 128 (1993), p. 13
30) B. Caillault, Y. Fautrelle, R. Perrier and J. J. Aubert: Liquid Metal Magnetohydrodynamics, edited by J. Lielpeteris and R. Moreau (1989), p. 241
31) 高須登実男, 佐々健介, 浅井滋生:鉄と鋼, 77 (1991), p. 496
32) C. Vivés: Metall. Trans. B, 27 (1996), p. 445
33) C. Vivés: Metall. Trans. B, 27 (1996), p. 457
34) 実吉純一, 菊池喜充, 能本乙彦監修:超音波技術便覧, 日刊工業新聞社 (1978)
35) A. K. Varma and N. El-Kaddah: Magnetohydrodynamics in Process Metallurgy (1991), TMS pp. 299-304
36) A. Alemany, J. Barbet, Y. R. Fautrelle and R. Moreau: French patent No. 7717296 (1977)
37) A. F. Kolesnichenko, I. B. Kazachkob, B. O. Bodyanjuk and N. B. Iysak: Kapillyarnye MGD Techniya so Svobodnymi Granitsami, Kiev, Naukoba Dymka (1988)
38) R. Ricou and C. Vivés: Int. Heat and Mass Transfer, Vol. 25 (1982) 10, pp. 1579-1588
39) 細谷浩二, 中戸参, 斉藤健志, 小口征男, 奥田治志, 萱野朋生:第5回電磁気冶金の基礎研究部会資料, No. 5-5, 1987年2月

強磁場の材料科学

IV

IV 強磁場の材料科学

20テスラを越える強磁場の下では,磁石が鉄を引きつける力として馴染み深い**磁化力**が顕在化し,水,プラスチック,木など,これまで磁場には無縁と思われていた非磁性物質でも空中に浮揚できることが示された[1].これを契機として磁化力への関心が高まる中,近年,超伝導材料の急速な発展に伴い,液体ヘリウムを必要としない新しいタイプの超伝導磁石の開発がなされ,10テスラ前後の強磁場が比較的容易に入手できる状況が生まれている.そのため,物理,化学,生物の広い自然科学の分野において,関連する諸現象に強磁場がどのような影響を及ぼすかについて検討がなされ,これまでの電磁石や永久磁石による磁場では見られなかった興味深い新現象が次々と見つかっている.例えば,図IV-1は強磁場印加によって窪んだ水の表面形状を表している.旧約聖書に見られる故事に因み「**モーゼ効果**」と命名されている[2].また,図IV-2には16テスラの磁場の下,生きた蛙が超伝導磁石のボアー内で浮揚している様子を示す.重力と磁化力がバランスした結果である[3].

また,図IV-3には磁場によって変形したろうそくの炎を示す.

この現象は古く19世紀にファラデーによって見いだされたものであるが,これも今では磁化力によるものと解釈できる.さらには,強磁場の印加により水の蒸発速度が速くなる[4]とか,酸素の水への吸収速度が増す[5]など,近

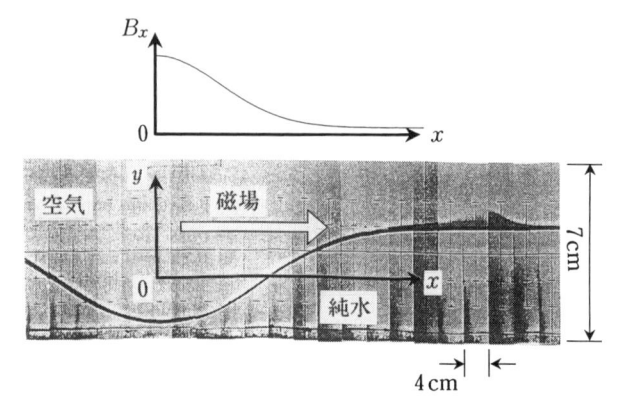

図IV-1 モーゼ効果(磁場下での水面形状)[2]

1　磁　化　力　　　　　　　　　　79

図 IV-2　超伝導磁石による 16 テスラのボアー空間に浮揚する蛙[3]

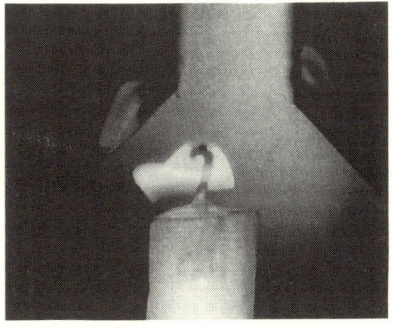

図 IV-3　ろうそくの炎形状　左：磁場勾配なし，右：磁場勾配あり

い将来，強磁場という切り口から種々の科学分野を横断的に見る「**強磁場科学**」の出現を予見させる．その中には材料科学に関連する，さらには新材料の創製に適用できる諸現象が見られるので，敢えてこれを「**強磁場の材料科学**」と命名して，材料電磁プロセッシングに組み入れることにする[6]．

　強磁場の材料科学は，ローレンツ力，磁化力，ゼーマン効果等，物理の基

本原理に立脚していることは言を俟たないが，それらが複雑に絡み合って化学現象にも影響を及ぼし，現れる事象は複雑・多岐にわたる．

1 磁 化 力

1.1 非磁性物質における磁化力発現の可能性

磁化力とは磁石が鉄を引きつける力として日常，馴染み深いものである．これまで(IV-1)に示す磁化力 F の利用はもっぱら鉄のような磁性物質に限定されてきた．

$$F = \mu_{m0}(M \cdot \nabla)H = \chi\mu_{m0}(H \cdot \nabla)H \tag{IV-1}$$

ここで，M は磁気モーメント，μ_{m0} は真空の透磁率，χ は磁化率である．その理由は磁性物質の磁気モーメント M_m に対する非磁性物質のそれ M_n の比は $M_n/M_m \approx 10^{-6}$ と極めて小さい．$M = \chi H$ の表現を非磁性物質にまで拡張して見かけの磁化率 χ_{ma} を想定すれば，次のように考えることができる．すなわち磁性物質では $\chi_{ma} \approx 10^3$ であるのに対し，非磁性物質では $\chi_n \approx 10^{-3}$ と，その比にして約 10^{-6} 倍の違いがあることになる．そのため，非磁性物質に作用する磁化力はこれまでまったく無視されてきた．ところが，近年の超伝導磁石の発達によって液体ヘリウムを使用することなく強磁場が比較的広い空間で得られるようになり，入手可能な磁場の強さは 10^3 倍程度（基準値を約 0.01 テスラとすれば 10 テスラに相当する）に飛躍している．そのため H の 2 乗に比例する磁化力は χ の 10^{-6} 倍の違いを埋めるものとなる（表 IV-1 参照）．すなわち，強磁場（〜10 テスラ）は通常の磁石（身の周りにあるおもちゃや書類どめ用の磁石に相当する）が鉄を引きつける感覚で，非磁性物質に作用することになる．

表 IV-2 には反磁性物質を磁場中で浮揚する際に必要となる磁束密度 B と，磁化力に比例する磁束密度とその勾配の積 BdB/dz の値を示す[7]．磁化率 χ は材料の結晶方位によって異なるので，この特性を活かせば，金属，

1 磁 化 力

表 IV-1 磁性物質と非磁性物質に及ぼす磁化力と磁場の関係

磁化力：$F = (\chi/\mu_{m0})(\boldsymbol{B}\cdot\nabla)\boldsymbol{B} \propto B^2$
非磁性物質の磁化率：$\chi_n = 10^{-3}$
磁性物質の磁化率：$\chi_{ma} = 10^3$
　　　$\chi_n/\chi_{ma} = 10^{-6}$
磁束密度の増加：10^3 倍（0.01 T → 10 T）
　　　$F \propto B^2 = (10^3)^2 = 10^6$
　$\therefore F(\chi_n, 10T) \approx F(\chi_{ma}, 0.01T)$

表 IV-2 反磁性物質の浮揚に要した磁束密度および磁束密度とその勾配の積の値[7]

物質	B (T)	BdB/dz (T²/m)
水	27	30
エタノール	21	16
アセトン	22	20
ビスマス	15.9	7.3
アンチモン	18.8	12
木材	21.5	17
プラスチック	22.3	20

セラミックス，有機材料の結晶方位制御の可能性が生まれる．このような観点から温度や圧力等と同様に，磁場を一つの外場とした材料の研究が見られる[7-14]．また，有機のラジカル反応では磁場による電子スピンの並列化が生じ，反応収率に影響することが明らかとなっている．新しい有機材料の創製も期待できる．

1.2 モーゼ効果と逆モーゼ効果

ここでは，廣田ら[15]によって示された「モーゼ効果」（図 IV-1 参照）について，その定量的取り扱いを示す．図 IV-4(a)のような磁場分布のもとで，図 IV-4(b)のような液面形状になったものとする．静止系では運動エネ

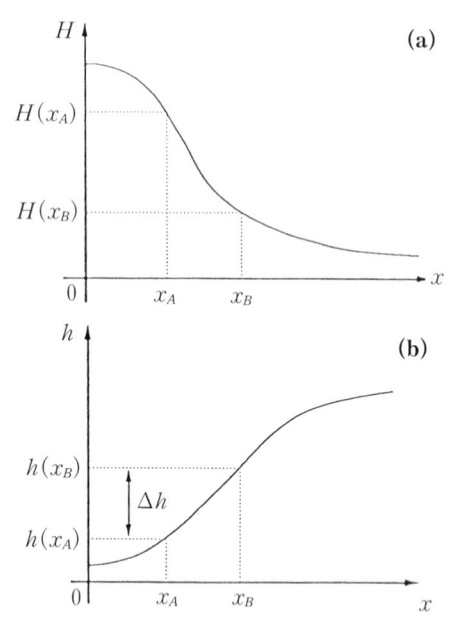

図 IV-4 （a）勾配磁場の概念図，（b）勾配磁場下での水面の形状

ギーを考える必要がないので，磁場のポテンシャルと位置エネルギーの和

$$E = -\frac{\mu_{m0}\chi H(x)^2}{2} + \rho g h(x) = \text{const} \tag{IV-2}$$

は場所によらず一定となる．地点 x_A と地点 x_B で E を見積もり，等しいと置くと次式を得る．

$$\Delta h = h(x_A) - h(x_B) = \frac{\mu_{m0}\chi}{2\rho g}\{H(x_A)^2 - H(x_B)^2\} \tag{IV-3}$$

(IV-3)から，磁場の2乗の差に掛かる係数 $\mu_{m0}\chi/2\rho g$ は χ/ρ に比例するので，「モーゼ効果」の大きさは磁場の強さおよび磁化率 χ と密度 ρ の比で決まることがわかる．反磁性の水の場合には図 IV-1 に示したように凹型水面形状を呈するが，常磁性の濃硫酸銅水の場合には図 IV-5 に示すように凸型となる．これを「逆モーゼ効果」と呼ぶ．この場合，1テスラの磁場下での

1 磁化力

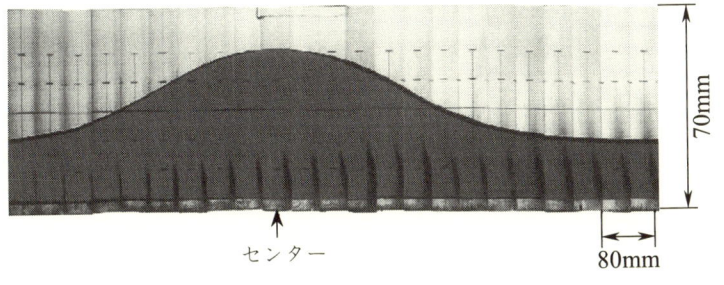

図 IV-5 逆モーゼ効果[15]

液面の高低差は約 0.4 mm と推算できる．

1.3 エンハンストモーゼ効果[15]

　層状に重なった 2 液体に磁場を印加した場合の界面形状について述べる．界面近傍の微小体積の液体が有するポテンシャルエネルギー，すなわち，磁気エネルギーと位置エネルギーを図 IV-6 に基づいて考える．地点 x_1 に存在する液体 A を地点 x_2 の液体 B と交換する作業を繰り返し，界面の形状を変化させる．交換前と交換後の二つの微小体積のポテンシャルエネルギーの和は次のように表せる．

交換前　$\left[\left\{\rho_A g h(x_1) - \dfrac{\mu_{m0}\chi_A H(x_1)^2}{2}\right\} + \left\{\rho_B g h(x_2) - \dfrac{\mu_{m0}\chi_B H(x_2)^2}{2}\right\}\right]dV$

交換後　$\left[\left\{\rho_A g h(x_2) - \dfrac{\mu_{m0}\chi_A H(x_2)^2}{2}\right\} + \left\{\rho_B g h(x_1) - \dfrac{\mu_{m0}\chi_B H(x_1)^2}{2}\right\}\right]dV$

ここで，ρ_A, ρ_B は液体 A と B の密度，χ_A, χ_B は液体 A と B の磁化率を表す．微小体積の交換前後のエネルギー変化 ΔE は (IV-4) となる．

$$\Delta E = \left[(\rho_A - \rho_B)g\{h(x_1) - h(x_2)\} - \dfrac{1}{2}\mu_{m0}(\chi_A - \chi_B)\{H(x_1)^2 - H(x_2)^2\}\right]dV \tag{IV-4}$$

界面の形状が平衡に達したときにはエネルギーが最小になるので，$\Delta E = 0$ と置くと (IV-4) から (IV-5) を得る．

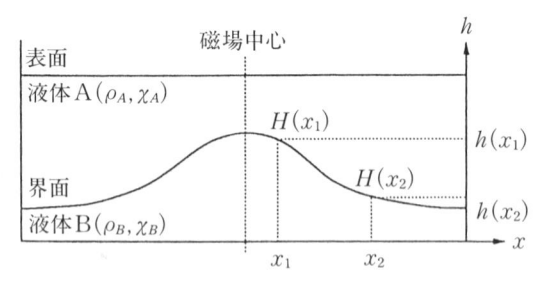

図 IV-6 勾配磁場中に置かれた2液体の積層

図 IV-7 エンハンスト逆モーゼ効果[15]
上層:ベンゼン-モノクロロベンゼン混合液(透明),下層:硫酸銅水溶液(青)

$$\Delta h = h(x_1) - h(x_2) = \frac{\mu_{m0}(\chi_A - \chi_B)}{2(\rho_A - \rho_B)g} \{H(x_1)^2 - H(x_2)^2\} \quad \text{(IV-5)}$$

この式の特徴は(IV-3)との比較からわかるとおり,磁場の2乗の差にかかる係数に含まれる$(\chi_A - \chi_B)/(\rho_A - \rho_B)$が2液体の密度差と磁化率差の比となっている点にある.すなわち,$(\chi_A - \chi_B)$の値が小さくても,$(\rho_A - \rho_B)$の値を小さくすることによって界面形状変化を大きく拡大できる.図 IV-7 に示す写真は上層に透明なモノクロロベンゼン,下層に硫酸銅水溶液として,0.6 テスラの磁場を印加したものである.上層液体の表面は平らであるにもかかわらず,2液体の密度差は $0.01\,\text{g/cm}^3$ 以内と小さいため,2液界面は 25 mm ほど盛り上がっている.廣田らはこれを「エンハンスト逆モーゼ効果」と命名した[15].

2 磁　　　性[16)]

2.1 磁性体の分類

　磁性の起源は電子の運動によるものであり，全ての物質は原子から成り，その原子は電子を有しているから，全ての物質は何らかの磁気的性質（磁性）を持つ．磁性を考える上で特に重要なのは電子のスピン角運動および軌道角運動であるが，これは量子力学にかかわることであるので，ここでは省略する．

　磁性は色々な観点から分類することができるが，表IV-3に示すとおり大きく分けると，強磁性体，弱磁性体，反磁性体になる．また，強磁性以外の磁性を非磁性とも言う．

表IV-3　磁性体の分類

強磁性 strong magnetism	フェロ磁性 ferromagnetism	磁性材料 magnetic materials
	フェリ磁性 ferrimagnetism	
弱磁性 feeble magnetism	反強磁性 antiferromagnetism	非磁性材料 non-magnetic materials
	常磁性 paramagnetism	
反磁性 diamagnetism		

　強磁性体の中には，全ての原子の磁気モーメントが同じ方向を向いているフェロ磁性と，隣り合った原子同士の磁気モーメントが反対の方向を向き，両者の絶対値が大きく違うため全体としては強磁性を示すフェリ磁性があ

る.弱磁性体には,隣り合った原子がうち消し合う磁気モーメントを持つために弱い磁性しか示さない反強磁性と,磁場の強さに比例した正の磁化(磁場の方向と同じ方向の磁化)が生じ,その絶対値が非常に小さい常磁性がある.また,磁場の方向とは反対の方向に磁化(負の磁化)が生じるものを反磁性という.

2.2 磁化率

磁化率とは,物質の磁化されやすさを示すもので,その物質に固有な値である.しかし,歴史的,実用的な観点から定義の統一がなされておらず,非常に煩雑なものとなっている.基本的には磁化 M と磁場 H の比として磁化率 χ が定義される.

$$\chi \equiv \frac{M}{H} \tag{IV-6}$$

ここでは,様々な磁化率の定義の違いを説明し,記号の整理をしておくことにする.

磁束密度 B と磁場 H の関係は,構成方程式として次式で表される.

$$B = \mu_m H \tag{IV-7}$$

ここで,μ_m は透磁率である.真空の透磁率を μ_{m0} とすると,SI(MKSA)単位では

$$\mu_{m0} = 4\pi \times 10^{-7} \,(\mathrm{H/m}) \tag{IV-8}$$

と定められており,cgs ガウス単位では $\mu_{m0}=1$(—)である.

磁化 M や磁化率 χ を考える場合,表 IV-4 に示すように 3 通りの構成方程式の定義に従って,χ の単位が変わる.そのため,どの定義を用いているのかを明確にせねばならない.

なお,E-H 対応単位系の構成方程式の場合の χ' を μ_{m0} で割って,

$$\chi_r = \frac{\chi'}{\mu_{m0}} \tag{IV-9}$$

と無次元化したものを,比磁化率(relative susceptibility)と呼ぶ.各磁化

率の定義を比較すると (IV-10) となる.

$$\chi(\text{E-B 対応単位系}) = \chi_r(\text{E-H 対応単位系}) = 4\pi\chi''(\text{cgs ガウス単位系}) \tag{IV-10}$$

実際には,cgs ガウス単位系がよく用いられる.測定の簡便さから単位質量当たりの磁化率(質量磁化率)や 1 mol 当たりの磁化率 χ_m(モル磁化率)がデータとして示されていることが多い.これを表 IV-5 に示す.

なお,本書では SI の E-B 対応単位系で統一した.その場合,構成方程式は次のようになる.

$$\boldsymbol{B} = \mu_{m0}(\boldsymbol{H} + \boldsymbol{M}) = \mu_{m0}(1+\chi)\boldsymbol{H} = \mu_{m0}\mu_r\boldsymbol{H} = \mu_m\boldsymbol{H} \tag{IV-11}$$

ここで,$\mu_r(=1+\chi)$ を比透磁率(relative permeability),$\mu_m(=\mu_{m0}\mu_r)$ を透磁率(permeability)と呼ぶ.

表 IV-4 構成方程式と磁化率の定義[16]

単位系		構成方程式	磁化率の定義	磁化率の単位
SI	E-B 対応単位系	$B = \mu_{m0}(H+M)$	$\chi \equiv \dfrac{M}{H}$	$\left[\dfrac{\text{A/m}}{\text{A/m}} = 無次元\right]$
SI	E-H 対応単位系	$B = \mu_{m0}H + I$	$\chi' \equiv \dfrac{I}{H}$	$\left[\dfrac{\text{Wb/m}^2}{\text{A/m}} = \dfrac{\text{HA/m}^2}{\text{A/m}}\right] = \left[\dfrac{\text{H}}{\text{m}}\right]$
cgs	cgs ガウス単位系	$B = H + 4\pi I$	$\chi'' \equiv \dfrac{I}{H}$	$\left[\dfrac{\text{emu/cm}^2}{\text{Oe}} = \dfrac{\text{emu/cm}^2}{\text{emu/cm}^2}\right] = 無次元$

表 IV-5 cgs ガウス単位系の各種磁化率[16]

名称	記号	単位	慣用単位
体積磁化率	χ	[無次元]	(emu/cm³)
質量磁化率	$\chi_g = \chi/\rho$	$\left[\dfrac{無次元}{\text{g/cm}^3} = \dfrac{\text{cm}^3}{\text{g}}\right]$	(emu/g)
モル磁化率	$\chi_m = \chi_g \times m_{mol}$	$\left[\left(\dfrac{\text{cm}^3}{\text{g}}\right) \times \left(\dfrac{\text{g}}{\text{mol}}\right) = \dfrac{\text{cm}^3}{\text{mol}}\right]$	(emu/mol)

* ρ:密度[g/cm³],m_{mol}:モル質量[g/mol],emu:electromagnetic unit[−]

2.3 磁気異方性

　材料の磁化過程を決定する因子は，磁気異方性，磁歪，静磁エネルギー，交換相互作用の四つである．また，これらの因子は，結晶構造（立方晶，正方晶，六方晶，斜方晶など），製造プロセス（溶解凝固，蒸着，スパッタリング，圧延，粉砕，焼結など），熱処理（急冷，徐冷，焼鈍，時効，磁場中冷却など），形状（棒状，薄膜，板状，粉末状など）によって大きく異なる．

　ここでは，磁気異方性について簡単に述べる．磁気異方性には(1)結晶磁気異方性，(2)形状磁気異方性，(3)交換磁気異方性，(4)誘導磁気異方性がある．

◎結晶磁気異方性は，磁化のしやすさ・しにくさが結晶構造との関連で現れるものをいう．これは電子雲の形状に異方性が存在することに起因している．

◎形状磁気異方性は，磁場が印加されたとき，印加磁場と反対向きの磁場（反磁場）が物質内に生ずることに起因している．すなわち材料が磁化されると，その両端に正と負の磁極が生じ，反磁場 H_d が生まれる．反磁場係数を N とすると，反磁場は試料の磁化に比例し，(IV-12)と表される．

$$H_d = NM \qquad (IV\text{-}12)$$

N はその物質の形状だけで決まる無次元の比例定数である．反磁場係数 N を，x, y, z 成分に分けると SI 単位系では，(IV-13)の関係が成立する．

$$N_x + N_y + N_z = 1 \qquad (IV\text{-}13)$$

球状の材料ならば N は等方的で，$N_x = N_y = N_z = 1/3$ となる．また，x, y 方向に無限に広く，z 方向には薄い板状の材料では，x, y 方向の反磁場の磁極は無限遠に隔たり，磁極による磁場は距離の2乗で減少するため，$N_x = N_y = 0$ となる．したがって，$N_z = 1$ である．

◎交換磁気異方性は，強磁性体と反強磁性体が隣接しているときに現れるもので，磁気履歴曲線の原点がずれて，片方の磁場の保持力が大きく現れる．

◎誘導磁気異方性は，析出，凝固，熱処理，圧延などの工程で，人工的に造

られる異方性である．圧延による加工では残留応力や滑りによる原子の再配列のため，蒸着膜では基板との熱膨張の差による残留熱応力のために，この誘導磁気異方性が生れる．

3 強磁場による結晶配向

3.1 磁化エネルギーの導出

磁化エネルギーが晶出物の形状および結晶の方位に依存するため，磁場下ではエネルギー的に安定な方向に晶出物および結晶が回転する．これが結晶配向の基本原理である．

磁化エネルギー U は次式で定義される[17]．

$$U = -\int_0^{H_{eff}} \mu_{m0} M dH_{eff} \quad \text{(IV-14)}$$

ここで，磁気モーメント M と物質内部の磁場 H_{eff} は反磁場を考慮して次のように定義される．

$$M = \chi H_{eff} \quad \text{(IV-15)}$$

$$H_{eff} = H_{ex} - NM \quad \text{(IV-16)}$$

N は反磁場係数，H_{ex} は外部から印加した磁場である．

3.1.1 非磁性体 {$|\chi| \ll 1$（常磁性体では $\chi > 0$ であり，反磁性体では $\chi < 0$ である）}

(IV-15)，(IV-16)の関係から，

$$H_{eff} = \left(\frac{1}{1+N\chi}\right) H_{ex} \quad \text{(IV-17)}$$

が得られる．したがって，磁化エネルギー U は(IV-14)に基づいて次のように求まる．

$$U = -\int_0^{H_{ex}} \mu_{m0} \frac{\chi H_{ex}}{1+\chi N} d\frac{H_{ex}}{1+\chi N} = -\frac{\mu_{m0} \chi H_{ex}^2}{2(1+\chi N)^2} \quad \text{(IV-18)}$$

3.1.2 強磁性体 ($\chi \gg 1$)

強磁性体の磁化曲線を,図 IV-8 に示すように,磁場強度 H_s で磁気モーメントは飽和して M_s となる,と仮定する.3.1.1 と同様に反磁場の影響を考慮に入れると,磁化エネルギー U は次のように求まる.

$$\begin{aligned}
U &= -\int_0^{H_{ex}} \mu_{m0} M d(H_{ex} - NM) \\
&= -\int_0^{H_s} \mu_{m0} \frac{\chi}{1+\chi N} H_{eff}\, d\frac{1}{1+\chi N} H_{eff} - \int_{H_s}^{H_{ex}} \mu_{m0} M d(H_{ex} - NM) \\
&= -\frac{\mu_{m0}\chi H_s^2}{2(1+\chi N)^2} - \mu_{m0} M_s \int_{H_s}^{H_{ex}} dH_{ex} + \mu_{m0} M_s N \int_{M_s}^{M_s} dM \\
&= -\frac{\mu_{m0} M_s H_s}{2(1+\chi N)^2} - \mu_{m0} M_s H_{ex} + \mu_{m0} M_s H_s
\end{aligned} \tag{IV-19}$$

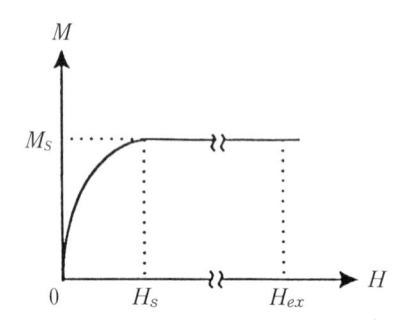

図 IV-8　強磁性物質の磁化曲線のモデル化

3.2 形状磁気異方性

凝固に伴い媒体と磁化率の異なる相が晶出すると,相変化前にあった媒体は晶出相の出現によって排除されることになる.さらに,晶出相の形状によって反磁場係数は異なるので,凝固に伴う磁化エネルギーの見積りには,晶出相のみならず媒体の磁化率,形状も考慮する必要がある.

非磁性の媒体から強磁性の晶出物が生じる際,この相変化に伴う磁化エネ

3 強磁場による結晶配向

ルギーは(IV-18)，(IV-19)を用いて(IV-20)，(IV-21)と書ける．晶出物の軸に対して磁場印加方向が平行の場合を($/\!/$)，垂直の場合を($\perp$)の添え字を付けて表すと，晶出物が磁場に垂直と平行の場合の磁化エネルギーはそれぞれ次のようになる．

$$U_\perp = -\mu_{m0}M_sH_{ex} + \left\{1 - \frac{1}{2(1+\chi_p N_\perp)^2}\right\}\mu_{m0}M_sH_s + \frac{\mu_{m0}\chi_{med}H_{ex}}{2(1+\chi_{med}N_\perp)^2} \quad \text{(IV-20)}$$

$$U_{/\!/} = -\mu_{m0}M_sH_{ex} + \left\{1 - \frac{1}{2(1+\chi_p N_{/\!/})^2}\right\}\mu_{m0}M_sH_s + \frac{\mu_{m0}\chi_{med}H_{ex}}{2(1+\chi_{med}N_{/\!/})^2} \quad \text{(IV-21)}$$

ここで，χ_p は晶出物の磁化率，χ_{med} は媒体の磁化率である．

晶出物の形状が板状や棒状で，その長手方向に磁場を印加した場合，反磁場係数は $N_\perp \gg N_{/\!/}$ となる．また，晶出物が強磁性の多結晶体である時には，$M_\perp \approx M_{/\!/}$ と見なすことができる．さらに(IV-20)，(IV-21)の第2項の絶対値は第3項のそれに比較して十分大きいと考えることができるので，印加磁場に対して晶出物が垂直と平行になった場合の磁化エネルギーの差は晶出物の形状のみに依存し，(IV-22)となる．

$$\Delta U = U_\perp - U_{/\!/} = \left\{-\frac{1}{2(1+\chi_p N_\perp)^2} + \frac{1}{2(1+\chi_p N_{/\!/})^2}\right\}\mu_{m0}M_sH_s \quad \text{(IV-22)}$$

ここで，$N_\perp > N_{/\!/}$ であることを考慮すると，

$$U_\perp > U_{/\!/} \quad \text{(IV-23)}$$

となる．

より低い磁化エネルギーの状態を取るように，晶出物の軸が配向すると考えれば，強磁性物質が晶出する系では，晶出物の長手(軸)方向は磁場印加方向に対して平行となる．

Bi-4 mass%Mn 融液は非磁性であるが，凝固に伴って強磁性の金属間化合物 MnBi を晶出する．無磁場下では無秩序に分布しているデンドライト状の強磁性体 MnBi が磁場の印加によってデンドライトの主軸が磁場方向と平行に配列する（図IV-9参照）．この実験結果は(IV-23)の理論予測を裏付けるものである．

次に，晶出物と媒体ともに非磁性体である場合，磁化エネルギーを(IV-18)を使って評価すると次のようになる．

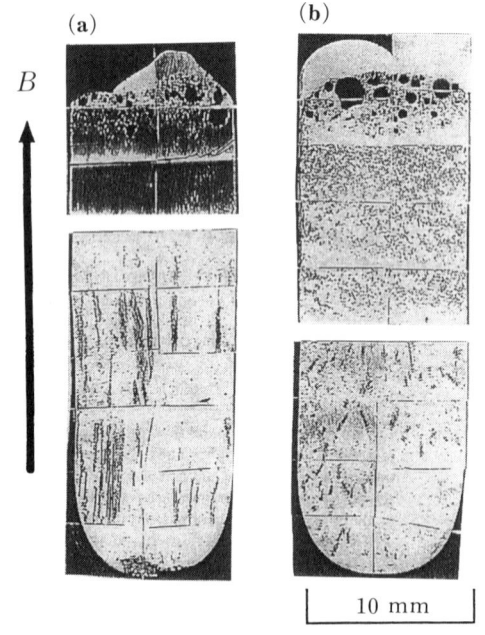

図 IV-9 Bi-4 mass%Mn 合金のミクロ組織
(a) 磁場あり (4.5 T)
(b) 磁場なし

$$U_\perp = -\frac{\mu_{m0}\chi_p H_{ex}^2}{2(1+\chi_p N_\perp)^2} + \frac{\mu_{m0}\chi_{med} H_{ex}^2}{2(1+\chi_{med} N_\perp)^2} \tag{IV-24}$$

$$U_{/\!/} = -\frac{\mu_{m0}\chi_p H_{ex}^2}{2(1+\chi_p N_{/\!/})^2} + \frac{\mu_{m0}\chi_{med} H_{ex}^2}{2(1+\chi_{med} N_{/\!/})^2} \tag{IV-25}$$

晶出物は多結晶体と考えられるので，$M_\perp \approx M_{/\!/}$ となり，かつ非磁性体であるから $|\chi_p| \ll 1, |\chi_{med}| \ll 1$ とすれば(IV-24)，(IV-25)より次式を得る．

$$\Delta U = U_\perp - U_{/\!/} \propto (N_\perp - N_{/\!/})(\chi_p^2 - \chi_{med}^2)\frac{\mu_{m0} H_{ex}^2}{2} \tag{IV-26}$$

$N_\perp \gg N_{/\!/}$ であるので，(IV-26)から $|\chi_p| > |\chi_{med}|$ であれば，$\Delta U > 0$ となり，晶出物の軸方向は印加磁場に対して平行となる．一方，$|\chi_p| < |\chi_{med}|$ であれば，逆に $\Delta U < 0$ となり，晶出物の軸方向は磁場と垂直になる．

図 IV-10 は非磁性の Al-11 mass%Si-2 mass%Fe 溶融金属からやはり非

3 強磁場による結晶配向   93

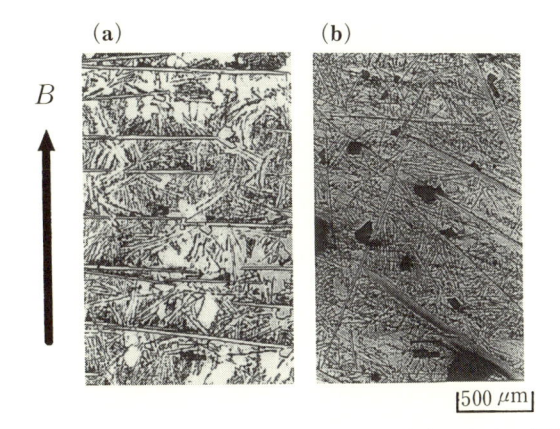

図 IV-10 Al-11 mass%Si-2 mass%Fe 合金のミクロ組織
（a）磁場あり（5 T），（b）磁場なし

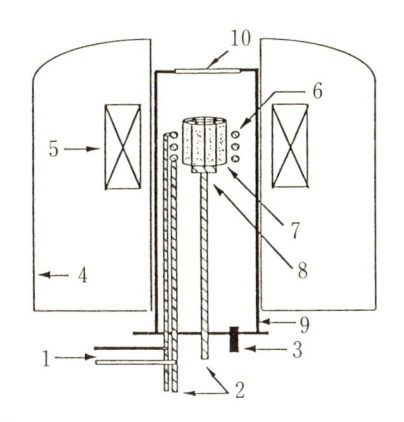

図 IV-11 実験装置[17]
1：高周波電源端子，2：冷却水，3：真空ポンプバルブ，4：クライオスタット，5：超伝導マグネット，6：誘導コイル，7：コールド・クルーシブル，8：冷却栓，9：銅チャンバー，10：ガラス窓

磁性の Al-9 mass%Si-15 mass%Fe の金属間化合物が板状に晶出した写真である．磁場の印加によって，金属間化合物は磁場の印加方向に対してほぼ垂直に配列している．この結果を(IV-26)に照らして見ると，この系では

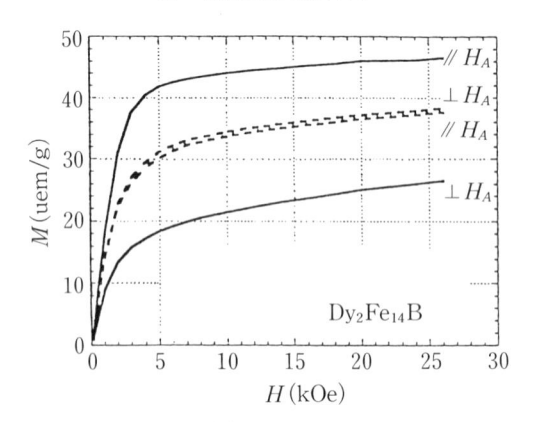

図 IV-12 　$Dy_2Fe_{14}B$ の磁化曲線[19]
　　　　　――：磁場あり，‥‥‥：磁場なし
　　　　　∥：印加磁場 H_A に平行，⊥：印加磁場 H_A に垂直

$|\chi_p|<|\chi_{med}|$ であったことがわかる．

　高融点の活性材料である $Dy_2Fe_{14}B$ を図 IV-11 に示すように超伝導磁石中に設置したコールド・クルーシブルにて溶解し[18]，無磁場および強磁場下で凝固させた試料の磁化曲線を図 IV-12 に示す．磁場を印加したものは実線で示すように強い磁気異方性を示す[19]．

問題 IV-1 　(IV-26)を導出せよ．

3.3 　結晶磁気異方性

　炭素の一形態であるグラファイトは，図 IV-13 に示すように六方晶系の結晶構造をしており，結晶方位に依存して磁化率が大きく異なる．基底面（c 面）の法線方向を c 軸，それに垂直に a, b 軸をとると，常温での磁化率 χ は，$\chi_{a,b}=-6.7\times10^{-7}(-)$，$\chi_c=-47\times10^{-6}(-)$ であり，結晶方位によって約 70 倍の違いが見られる[20]．

3 強磁場による結晶配向

$\chi_c = -47 \times 10^{-6}$

$\chi_{a,b} = -6.7 \times 10^{-7}$

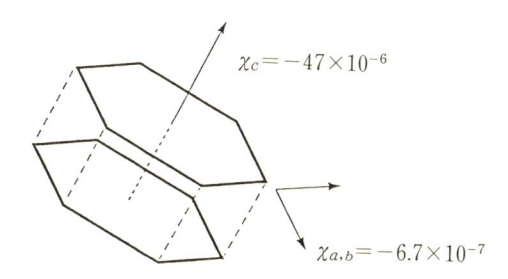

図 IV-13 グラファイトの単位結晶の方位ごとの比磁化率

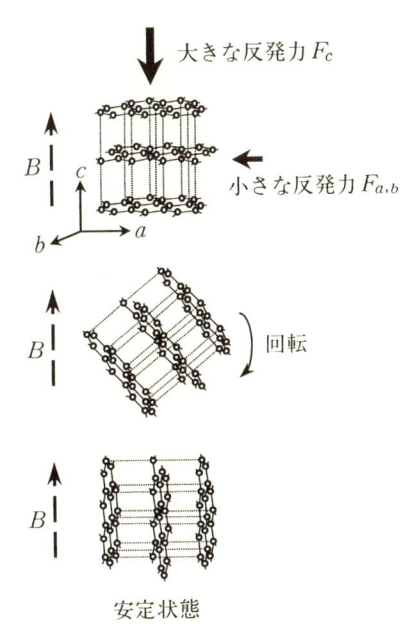

大きな反発力 F_c

小さな反発力 $F_{a,b}$

回転

安定状態

図 IV-14 磁場中でのグラファイト単位結晶の回転

このグラファイトを c 軸が磁場方向と平行になるように置くと，c 軸方向の反発力 F_c が a, b 軸の $F_{a,b}$ より大きいため，図 IV-14 に示すように，グラファイト結晶は回転するものと予測できる．この推察の妥当性を確認するために，グラファイト粉末（約 70 μm）を液状の樹脂に添加・撹拌後，図 IV-15 に示す超伝導磁石内で約 5 T の強磁場を印加しつつ，樹脂を硬化させ

IV 強磁場の材料科学

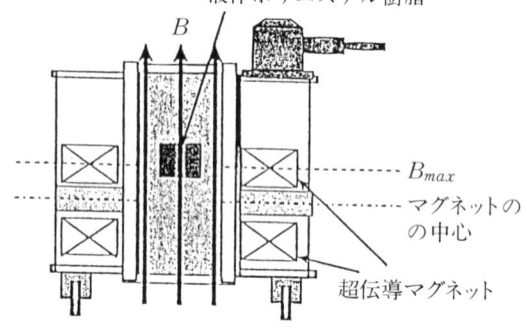

図 IV-15 実験装置
(装置図ラベル: グラファイト粒子を混入させた液体ポリエステル樹脂, B, B_{max}, マグネットの中心, 超伝導マグネット)

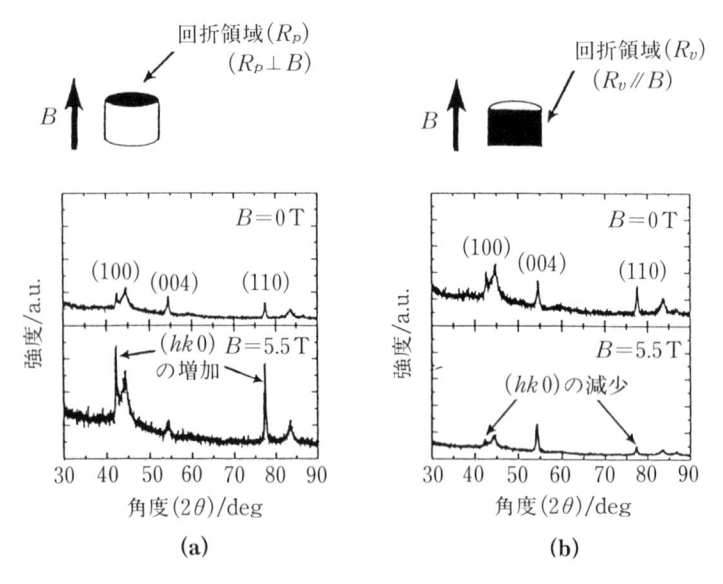

図 IV-16 磁場の有無による X 線回折パターンの違い
(a) 磁場方向に垂直な面, (b) 磁場方向に平行な面

(図中ラベル: 回折領域 (R_p) $(R_p \perp B)$, 回折領域 (R_v) $(R_v /\!/ B)$, $B=0$ T, $B=5.5$ T, (100), (004), (110), $(hk0)$ の増加, $(hk0)$ の減少, 強度/a.u., 角度 (2θ)/deg)

た. この試料を磁場方向に対して垂直に切った面には a, b 面が,平行に切った面には c 面がより多く現れるものと推察できる.得られた試料を印加磁場方向に対して平行および垂直方向に切断研磨し,その断面の X 線回折

結果を示したのが図 IV-16 である．磁場の印加により，垂直な面の回折結果は，$2\theta=43°, 77°$ のピークが増大しており，逆に磁場に対し平行な面の回折結果では，磁場の印加により $2\theta=43°, 77°$ のピークが減衰している．なお，$2\theta=19°$ のあたりのブロードな山は樹脂によるものである．$2\theta=43°, 77°$ のピークはそれぞれグラファイト結晶の (100), (110) 面（a, b 面）に対応しており，これらの面と基底面である (002), (004) 面（h 面）は垂直な位置関係にあるため，a, b 面は磁場印加方向に対して垂直に，c 面は平行に配向したことがわかる．グラファイト結晶は反磁性体であり，この実験で

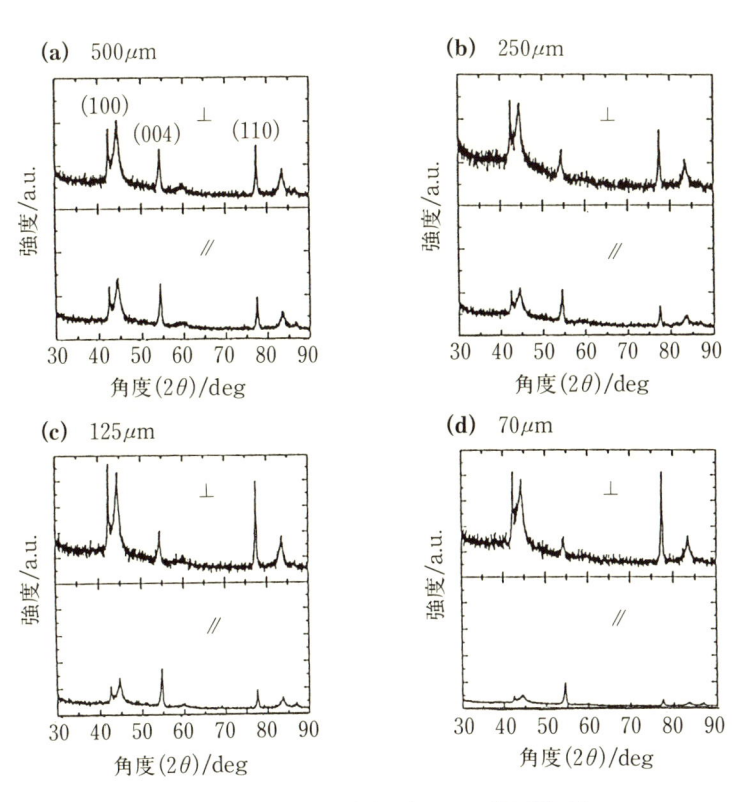

図 IV-17 グラファイト粒径ごとの X 線回折パターン
上の図が印加磁場に対して垂直な面（⊥）
下の図が印加磁場に対して平行な面（∥）

試料の形状を球形と仮定すると，反磁場係数は結晶方位によって変化せず $N_a=N_b=N_c=1/3$ となる．よって，磁化エネルギーは結晶の磁化率のみに依存することになり，(IV-18)はそれぞれ(IV-27)，(IV-28)となる．

$$U_{a,b}=-\frac{\mu_{m0}\chi_{a,b}H_{ex}^2}{2(1+\chi_{a,b}N)^2} \tag{IV-27}$$

$$U_c=-\frac{\mu_{m0}\chi_c H_{ex}^2}{2(1+\chi_c N)^2} \tag{IV-28}$$

$\chi_c<\chi_{a,b}$，$|\chi_{a,b}|\ll 1$ および $|\chi_c|\ll 1$ であるから，

$$U_c>U_{a,b} \tag{IV-29}$$

となり，磁場印加方向が a,b 軸方向の場合に磁化エネルギーがより小さく，安定であることがわかる．そのため，a,b 軸が磁場印加方向に揃うように配向すると考えられる．この結果は図IV-16に示した実験結果と符合する．

図IV-17に，グラファイト粒子の粒径を変えて行った実験の結果を示す．グラファイト粒子の径が小さくなるにつれて磁場印加による配向の程度がより顕著になっている．これは，用いた粒子が多結晶体であったため粒径が減少するにつれ，粒子を構成する結晶の数も減少し，結晶磁気異方性がより顕著に現れた結果であると解釈できる．

3.4　蒸着膜の結晶配向

超伝導マグネット装置の中に装定した真空管の中に図IV-18のように基板と試料をセットし，試料金属であるBiとZnにYAGレーザを照射して蒸発金属を基板上に蒸着させた．図IV-19のX線回折結果を見ると，Biの結果を示す(a)では，(003)，(006)，(009)面（c面）のピークが，磁場を印加することにより相対的に増加している．またZnの結果を示す(b)では磁場を印加することによって，(002)，(004)面（c面）のピークが減少し，(100)，(110)面（a,b面）のピークが増加している．基板は磁力線の向きと平行に置かれているため，磁場を印加することにより，磁力線の向きに対しBiはc面が平行に，Znはa,b面が平行に配向したことになる．

3 強磁場による結晶配向

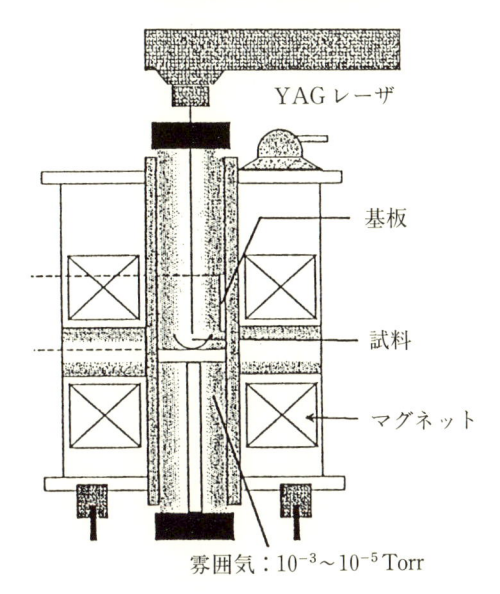

図 IV-18 磁場中での蒸着膜生成装置

Bi と Zn は六方晶系の結晶構造をしており，図 IV-20 に示すように，基底面（c 面）の法線方向を c 軸，それに垂直方向に a, b 軸をとる．常温での Bi，Zn の a, b 軸と c 軸の磁化率はそれぞれ，$\chi_{a,b}^{Bi} = -1.24 \times 10^{-4}(-)$，$\chi_c^{Bi} = -1.76 \times 10^{-4}(-)$，$\chi_{a,b}^{Zn} = -1.81 \times 10^{-5}(-)$，$\chi_c^{Zn} = -1.33 \times 10^{-5}(-)$ である．

a, b 軸，c 軸に関する磁化エネルギーは (IV-18) から以下のようになる．

$$U_{a,b} = -\frac{\mu_{m0}\chi_{a,b}}{2(1+N_{a,b}\chi_{a,b})^2}H_{ex}^2 \tag{IV-30}$$

$$U_c = -\frac{\mu_{m0}\chi_c}{2(1+N_c\chi_c)^2}H_{ex}^2 \tag{IV-31}$$

しかしながら非磁性物質では $|\chi| \ll 1$ であることを考えると，(IV-30)，(IV-31) は以下のようになり，磁化エネルギーは結晶の磁化率のみに依存することになる．

$$U_{a,b} \cong -\frac{1}{2}\mu_{m0}\chi_{a,b}H_{ex}^2 \tag{IV-30}'$$

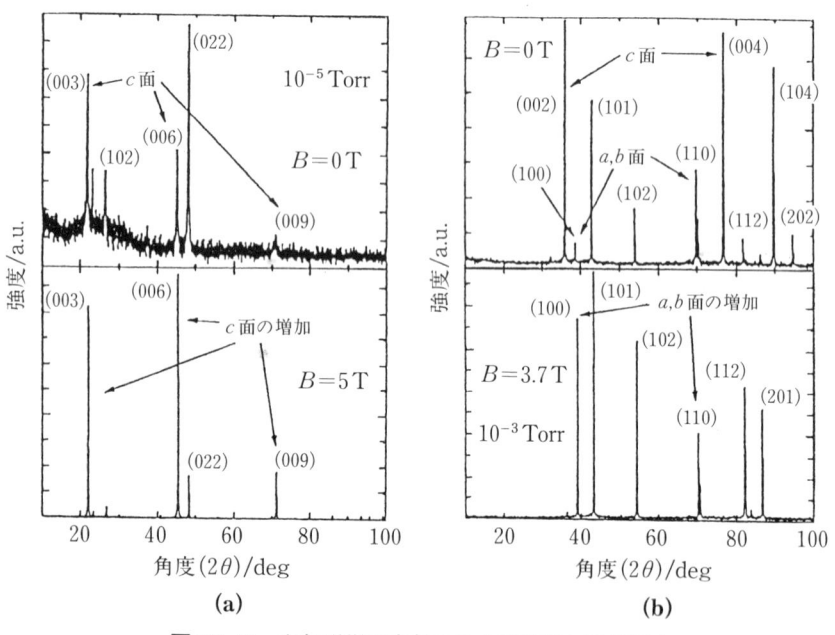

図 IV-19　印加磁場の有無に伴う蒸着膜の結晶配向
　　　　（a）Bi の X 線回折，（b）Zn の X 線回折

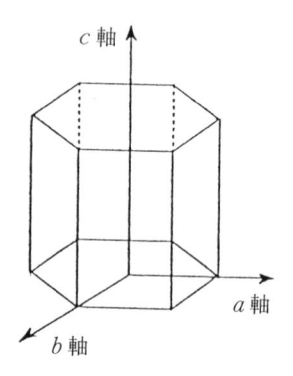

図 IV-20　六方晶の単位結晶と結晶軸

$$U_c \cong -\frac{1}{2}\mu_{m0}\chi_c H_{ex}^2 \qquad \text{(IV-31)}'$$

Bi の場合,$\chi_{a,b} > \chi_c$ であるから $U_c > U_{a,b}$ となり,磁場印加方向が a, b 軸と一致する場合に磁化エネルギーがより小さく,安定であることがわかる.そのため,a, b 軸が磁場印加方向に揃うように配向する.一方,Zn の場合は逆に,$\chi_{a,b} < \chi_c$ であるから $U_c < U_{a,b}$ となり,c 軸が磁場印加方向に揃うように配向する.この理論的考察を図示したのが図 IV-21 である.この考察は図 IV-19 に示した実験結果と符合している.

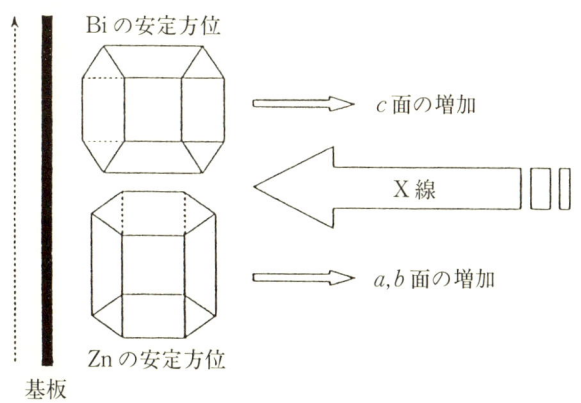

図 IV-21 磁場印加下での Bi と Zn の安定方位

4 磁化力が駆動する流体運動

最近,強磁場下では水の蒸発速度が速くなる[3]とか,水への酸素の吸収速度が大きくなる[4]等の報告が見られる.これらの現象は磁化力に基づく自然対流によって引き起こされたと解釈できる.

重力場が引き起こす重力対流と磁場が磁化力を介して誘導する対流(以後,磁気対流と呼ぶことにする)とを比較するために重力 $\rho\boldsymbol{g}$ と磁化力

$\chi\mu_{m0}(\boldsymbol{H}\cdot\nabla)\boldsymbol{H}$ を対比して表 IV-6 に示す．重力加速度ベクトル $\boldsymbol{g}$ に対応する磁化力のベクトルは $(\boldsymbol{H}\cdot\nabla)\boldsymbol{H}$ である．$\boldsymbol{g}$ は大きさ，方向共に変化させることができないが，$(\boldsymbol{H}\cdot\nabla)\boldsymbol{H}$ は磁場分布の与え方によって大きさ，方向共に変えることができる．一方，物性値である密度 ρ に対応するものは $(\chi\mu_{m0})$ である．密度 ρ はいかなる物質においても正値を取る $(\rho>0)$ のに対し，磁化率 χ は常磁性物質で正，反磁性物質で負となる．さらに，表 IV-7 に見るように非磁性物質（常磁性(P)，反磁性(D)）では多くの物質で（酸素ガスを除く）質量磁化率 χ_g はほぼ一定の値をとる．体積磁化率 χ'' は密度 ρ と質量磁化率 χ_g の積で表される．

$$\chi'' = \rho \cdot \chi_g \tag{IV-32}$$

$\chi = 4\pi\chi''$ であるから，$\chi\mu_{m0}=4\pi\rho\cdot\chi_g\mu_{m0}\propto\rho$ となり，$\chi\mu_{m0}$ は ρ に比例すると見なせる．

先に，金属中では電気不良導性の介在物をローレンツ力とは逆方向に駆動

表 IV-6 重力と磁化力の対比

重力	磁化力
$\rho\boldsymbol{g}$	$\chi\mu_{m0}(\boldsymbol{H}\cdot\nabla)\boldsymbol{H}$
$\boldsymbol{g}$	$(\boldsymbol{H}\cdot\nabla)\boldsymbol{H}$
ρ	$(\chi\mu_m)=(\chi_g\rho/\mu_m)\propto\pm\rho$
	χ_g：質量磁化率

表 IV-7 室温における体積磁化率 χ''，質量磁化率 χ_g，密度 ρ．P は常磁性，D は反磁性物質を表す[21]

		χ''	$\chi_g\,(\mathrm{cm^3\cdot g^{-1}})$	$\rho\,(\mathrm{g\cdot cm^{-3}})$
純水	D	-0.72×10^{-6}	-0.72×10^{-6}	1.0
アセトン	D	-0.463×10^{-6}	-0.585×10^{-6}	0.7853
ベンゼン	D	-0.518×10^{-6}	-0.702×10^{-6}	0.874
エタノール	D	-0.617×10^{-6}	-0.718×10^{-6}	0.786
N_2 ガス	D	-5.4×10^{-10}	-0.43×10^{-6}	1.25×10^{-3}
O_2 ガス	P	$+1.52\times10^{-7}$	$+106.2\times10^{-6}$	1.43×10^{-3}

し,分離・除去できることを示した.この際,介在物をローレンツ力とは逆方向に駆動する力を電磁アルキメデス力 ($\sigma_p - \sigma_{med}$)$\boldsymbol{J} \times \boldsymbol{B}$ と呼んだ.同じことは,電磁気力を磁化力に変えてもよいはずである.この場合,介在物に作用する駆動力は $\{(\chi_p - \chi_{med})\mu_{m0}\}\boldsymbol{H} \cdot \nabla \boldsymbol{H}$ となる.この駆動力を**磁気アルキメデス力**と呼ぶ.この力を使えば,介在物を凝固界面に近づけたり,遠ざけたりできることになる.今後,生産現場への強磁場の導入が可能となれば,磁気アルキメデス力による介在物除去も視野に入ろう.

4.1 磁化力を考慮した運動方程式と無次元数

(II-2)の外力項に磁化力を入れると(IV-33)となる.

$$\rho\left(\frac{\partial \boldsymbol{v}}{\partial t} + \boldsymbol{v} \cdot \nabla \boldsymbol{v}\right) = -\nabla p + \mu \nabla^2 \boldsymbol{v} + \frac{\chi}{\mu_{m0}}(\boldsymbol{B} \cdot \nabla)\boldsymbol{B} \qquad (\text{IV-33})$$

上式の両辺に回転 $\nabla \times$ を施すと(IV-34)となる.

$$\frac{\partial \boldsymbol{\omega}}{\partial t} = \nabla \times (\boldsymbol{v} \times \boldsymbol{\omega}) + \nu \nabla^2 \boldsymbol{\omega} + \frac{1}{\rho}\nabla \times \{(\chi \mu_{m0})(\boldsymbol{H} \cdot \nabla)\boldsymbol{H}\} \qquad (\text{IV-34})$$

(IV-34)の右辺第3項が磁気対流の駆動力項である.(IV-34)は,勾配磁場が流体を駆動させることを示している.この現象を可視化するために,若山[21]は霧状の水 (0.2 g/min) を混ぜた窒素ガス (700 cm³/min) を空気で満たした磁極間に設置した.図IV-22にその様子を示す.磁場を印加することによって窒素ガスがジェット流となって磁場強度が減少する方向に流れている.ナビエ-ストークス式の外力項に,酸素ガスを含む気体に作用する磁化力項を入れ((IV-33)),流線を求め,可視化の写真と併せて示した.この計算結果より,磁場の印加によってうずが形成されることがわかる.

4.2 磁化力にまつわる無次元数

重力に関連する無次元数において,重力に替わり磁化力を代入すると新しい無次元数が得られる.それぞれ新たに命名して以下に示す.

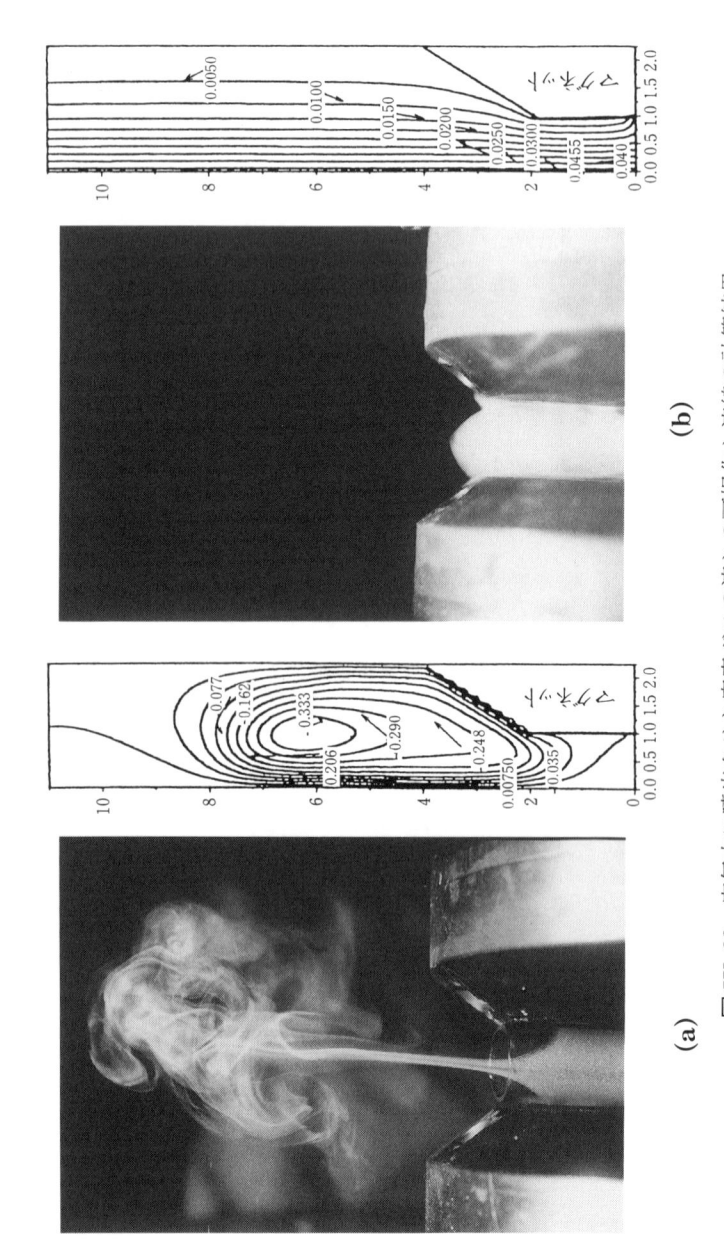

図 IV-22　空気中に噴出させた窒素ガスの流れの可視化と流線の計算結果
（a）磁場を印加した，（b）磁場を印加しない場合[21]

$$Fr_m = \frac{\rho V^2/L}{(\chi/\mu_m)(B^2/L_m)} = \frac{\rho\mu_m V^2 L_m}{\chi B^2 L} \qquad \text{磁気フルッド数}$$

$$Gr_m = \frac{(\chi/\mu_m)(B^2/L_m)\cdot(\rho V^2/L)}{\mu^2(1/L^2)^2 V^2} = \frac{(L^3/L_m)\rho(\chi/\mu_m)B^2}{\mu^2} \qquad \text{磁気グラスホフ数}$$

ここで，L_m は磁場勾配に係わる代表長さである．

$$Ra_m = Gr_m \cdot Pr \qquad \text{磁気レイリー数}$$

また，重力と磁化力の比をとると次の無次元数を得る．

$$A = \frac{(\chi/\mu_m)(B^2/L_m)}{\rho g} = \frac{\chi B^2}{L_m \mu_m \rho g} \qquad \text{磁気比重数}$$

$A=1$ とすれば磁化力によって物質を空中に浮揚できる．また，液体中（媒体）で第2相（例えば粒子）を磁化力を使って浮上あるいは沈降させる際には，磁気比重数 A を次のように変更すればよい．

$$A' = \frac{(\chi_p - \chi_{med})}{(\rho_p - \rho_{med})} \frac{B^2}{L_m \mu_m g} \qquad \text{相対磁気比重数}$$

これを相対磁気比重数と名付けることにする．この無次元数はエンハンストモーゼ効果を表す(IV-5)からも導出できるものである．

最近，宇宙空間を利用した微小重力環境下での材料開発が注目されている．この際必要となるものは容器からの汚染の遮断，すなわち浮揚であって，無重力はむしろ素材からの気泡の離脱，成分の不均一化をまねく等，材料製造に当たって好ましくない環境を作りだす場合が多い．その点，この磁化力による浮揚機能を用いれば，重力下での材料の浮揚が可能となる．すなわち，地上に磁化力を使った疑似宇宙環境が創成できることになる．これは，宇宙空間での研究に比較して格段に安い経費で済み，材料の製造法に新しい道を拓くことになる．

5 展　　望

液体ヘリウムを必要としない，超伝導マグネットの普及が，種々の技術障壁を取り除き，強磁場という切り口から自然科学の分野を横断的に見る「強

磁場科学」が今,出現しようとしている.材料創製のシーズとなる新しい現象が,「強磁場科学」の下で見出されており,それらの中には新材料創製に有用なものも少なくない.このシーズと材料科学のニーズを結びつける「強磁場の材料科学」は今,まさに萌芽しようとしている.材料電磁プロセッシングの中でこの双葉を保護しつつ,精力的に育成・発展させたいものである(図 IV-23 参照).

図 IV-23　材料電磁プロセッシングの木と強磁場の材料科学の双葉

文　献

1) P. de Rango, M. Lees, P. Lejay, A. Sulpice, R. Tournier, M. Ingold, P. Germi and M. Pernet : Nature, 349 (1991), p. 770

2) N. Hirota, T. Honma, H. Sugawara, K. Kitazawa, M. Iwasaka, S. Ueno, H. Yokoi, Y. Kakudate, S. Fujiwara and M. Kawamura : Jpn. J. Appl. Phys., 34 (1995), L 991

3) M. V. Berry and A. K. Geim : Eur. J. Phys., 18 (1997), p. 307

4) 中川準, 廣田憲之, 北澤宏一：第一回新磁気科学シンポジウム講演要旨, 1997年11月

5) 中川準, 廣田憲之, 北澤宏一：第一回新磁気科学シンポジウム講演要旨, 1997年11月

6) 浅井滋生：日本金属学会誌, 61 (1997), p. 1271

7) D. E. Farrell, B. S. Chandrasekhar, M. R. Deguire, M. M. Fang, V. G. Kogen, J. R. Clen and D. K. Finnemore : Phys. Rev., B 36 (1987), p. 4025

8) A. Lusnikov, L. L. Miller, R. W. McCaullum, S. Mitra, W. C. Lee and D. C. Johnson : J. Appl. Phys., 65 (1989), p. 3136

9) J. E. Tkazyk and K. W. Lay : J. Mater. Res., 5 (1990), p. 1368

10) P. de Rango, M. Lee, P. Lejay, A. Sulpice, R. Tournier, M. Ingold, P. Gerni and M. Pernet : Nature, 349 (1991), p. 770

11) R. H. Arendt, M. F. Garbauskas, K. W. Lay and J. E. Tkaczyk : Physica C, 176 (1991), p. 131

12) A. Holloway, R. W. McCallum and S. R. Arrasmith : J. Mater. Res., 8 (1993), p. 727

13) S. Stassenn, R. Cloots, A. Rulmont, F. Gillet, H. Bougrine, P. A. Godelaine, A. Dang and M. Ausloos : Physica C, 235-240 (1994), p. 515

14) S. Stassenn, R. Cloots, Rh. Vanderbemden, P. A. Godelaine, H. Bougrine, A. Rulmont and M. Ausloos : J. Mater. Res., 11 (1996), p. 1082

15) 廣田憲之, 本間琢朗：金属, 65 (1995) 9, p. 793

16) 松井正顕：MSJ サマースクール, 応用磁気の基礎, 日本応用磁気学会編 (1995,

96), p. 1
17) 太田恵造:磁気工学の基礎, 共立出版 (1993), p. 42
18) B. A. Legrand, R. Perrier de la Bathie and R. Tournier : Proceedings of Int. Cong. of Electromagnetic Processing of Materials, May (1997), Paris, France, Vol. 2, p. 309
19) P. Courtois, R. Perrier de la Bathie and R. Tournier : Proceedings of Int. Cong. of Electromagnetic Processing of Materials, May (1997), Paris, France, Vol. 2, p. 277
20) 水島三知, 岡田純:炭素材料, 共立出版 (1970), p. 157
21) 若山信子:日本金属学会誌, 61 (1997) 12, p. 1272

記号一覧

( )内は単位を示す．(―)は単位なし． I 〜Ⅳは各章を示す．

A	：磁場のベクトルポテンシャル(Tm)	Ⅲ
A	：複素数，磁気比重数(―)	Ⅱ,Ⅳ
A'	：相対磁気比重数(―)	Ⅳ
a	：溶融金属の半径(m)，結晶方位軸(―)	Ⅲ,Ⅳ
a_1, a_2	：定数	Ⅱ
$\boldsymbol{B}$	：磁束密度(T)	Ⅰ,Ⅱ,Ⅲ,Ⅳ
B	：複素数	Ⅰ,Ⅱ,Ⅲ
B_e	：磁束密度の実効値(T)	Ⅱ,Ⅲ
B_i	：誘導磁場(T)	Ⅱ
B_{max}	：磁束密度の最大値(T)	Ⅲ
B_{min}	：磁束密度の最小値(T)	Ⅲ
B_x, B_y, B_z	：磁束密度の x, y, z 成分(T)	Ⅱ,Ⅲ
$B_\perp$	：界面に垂直方向の磁束密度(T)	Ⅱ
$B_{//}$	：界面に平行方向の磁束密度(T)	Ⅱ
b	：結晶方位軸(―)	Ⅳ
b_x	：磁束密度(T)	Ⅱ
b_1, b_2	：定数	Ⅱ
ber_ν	：ν 次のケルビンの ber 関数(―)	Ⅱ
bei_ν	：ν 次のケルビンの bei 関数(―)	Ⅱ
C	：循環(m^2/s)，静電容量(F)，定数(Pa)	Ⅱ
C_1, C_2	：積分定数	Ⅱ
c	：結晶方位軸(―)	Ⅳ
c_1	：積分定数(Pa/m)	Ⅱ
c_p	：定圧比熱(J/kg K)	Ⅰ,Ⅱ
D	：電束密度(C/m^2)	Ⅰ,Ⅱ
d	：セルの厚さ(m)，代表長さ(電極間距離)(m)	Ⅱ,Ⅲ,Ⅳ
E	：電場(V/m)	Ⅰ,Ⅱ,Ⅲ
E	：ポテンシャルエネルギー(J/m^3)	Ⅳ
E_x, E_y, E_z	：電場の x, y, z 成分(V/m)	Ⅱ
$E_\perp$	：界面に垂直方向の電位(V/m)	Ⅱ
$E_{//}$	：界面に平行方向の電位(V/m)	Ⅱ

記号一覧

$\boldsymbol{F}$	：電磁体積力(N/m^3)，磁化力(N/m^3)	III, IV
F	：境界面形状(m)	II, III, IV
Fr_m	：磁気フルッド数(—)	IV
$\boldsymbol{f}, f$	：体積力(N/m^3)	II
$\overline{f}$	：体積力の時間平均値(N/m^3)	II, III
f_{int}	：間欠周波数(1/s)	III
f_r	：体積力の r 成分(N/m^3)	II
f_x, f_y, f_z	：体積力の x, y, z 成分(N/m^3)	II, III
Gr	：グラスホフ数(—)	II
Gr_m	：磁気グラスホフ数(—)	IV
$\boldsymbol{g}, g$	：重力加速度(m/s^2)	III, IV
$\boldsymbol{H}, H$	：磁場の強さ(A・turn/m)	I, II, III, IV
Ha	：ハートマン数(—)	II
H_d	：反磁場(A/m)	IV
H_{eff}	：物質内部の磁場(A/m)	IV
H_{ex}	：物質外部の磁場(A/m)	IV
H_s	：飽和時の磁場(A/m)	IV
h	：セルの高さ(m)，溶湯保持高さ(m)，液深(m)	III, IV
I	：電流(A)	II, IV
I_{sc}	：短絡電流(A)	II
i	：虚数単位(—)	II, III
$\boldsymbol{i}_x, \boldsymbol{i}_y, \boldsymbol{i}_z$	：x, y, z 方向の単位ベクトル(—)	II
$\boldsymbol{J}, J$	：電流密度(A/m^2)	I, II, III
J_e	：電流密度の実効値(A/m^2)	III
J_s	：面電流(A/m)	II
J_θ	：θ 方向の電流密度(A/m^2)	II
$J_\nu(x)$	：ν 次第1種ベッセル関数(—)	II
J_x, J_y, J_z	：x, y, z 方向の電流密度(A/m^2)	II, III
k	：補正係数(—)	II, III
L	：代表長さ(m)，自己インダクタンス(H)	II, III, IV
L'	：代表長さ(m)	II
L_m	：磁場勾配に関わる代表長さ(m)	IV
l	：セルの幅(m)	II
$\boldsymbol{l}$	：方向を持った長さのベクトル(m)	III
$\boldsymbol{M}, M$	：磁気モーメント(A/m)	III, IV
Ma_m	：磁気マッハ数(—)，アルフベン数(—)	II

記 号 一 覧　　　　　　　　　　　iii

M_m	：磁性物質の磁気モーメント (A/m)	IV
M_n	：非磁性物質の磁気モーメント (A/m)	IV
M_s	：飽和した磁気モーメント (A/m)	IV
$M_\perp$	：晶出物の軸に対して磁場印加方向が垂直な場合の磁気モーメント (A/m)	IV
$M_{//}$	：晶出物の軸に対して磁場印加方向が平行な場合の磁気モーメント (A/m)	IV
m_{mol}	：モル質量 (g/mol)	IV
N	：スチュアート数 (—)，相互作用係数 (—)，反磁場係数 (—)	II, IV
$N_{a,b}$	：a, b 軸の反磁場係数 (—)	IV
N_c	：c 軸の反磁場係数 (—)	IV
$N_\perp$	：晶出物の軸に垂直な方向の反磁場係数 (—)	IV
$N_{//}$	：晶出物の軸に平行な方向の反磁場係数 (—)	IV
$\boldsymbol{n}$	：単位法線ベクトル (—)	II
n	：定数 ($\sqrt{\omega\sigma\mu_m}$) (1/m)	II
P	：圧力 (Pa)	III
P_m	：磁気圧力数 (—)	II, III
Pr	：プラントル数 (—)	IV
Pr_m	：磁気プラントル数 (—)	II
p	：圧力 (Pa)	IV
p_c	：表面張力による圧力増分 (Pa)	III
p_{dyn}	：動圧増分 (Pa)	III
p_m	：磁気圧力 (Pa)	II, III
p_s	：静圧増分 (Pa)	III
Q	：単位面積当たりの発熱速度 (W/m²)	II
q	：電荷 (C)	III
$\bar{q}$	：単位体積当たりの時間平均の発熱速度 (W/m³)	II, III
R	：導体の半径 (m)，抵抗 (Ω)，回折領域 (—)	II
Ra_m	：磁気レイリー数 (—)	IV
Re	：レイノルズ数 (—)	II
Re_m	：磁気レイノルズ数 (—)	II
R_i	：液体金属側の内部抵抗 (Ω)	II
R_L	：電源側の内部抵抗 (Ω)	II
r	：平均曲率半径 (m)，円筒座標系の半径方向座標軸 (—)	II
r_d	：B_{max} の印加時間比 (—)	II
S	：面積 (m²)	II

記号一覧

記号	説明	章
$\boldsymbol{T}$	：応力テンソル(N/m^2)	II
T	：温度(K)，周期(s)	I, II, III
T_{int}	：間欠周期(s)	III
t	：時間(s)	II, III, IV
t_{rel}	：機械的緩和時間(s)	III
U	：電位差(V)，起動力(V)，磁化エネルギー(J/m^3)	II, III, IV
$U_{a,b}$	：a, b 軸の磁化エネルギー(J/m^3)	IV
U_c	：c 軸の磁化エネルギー(J/m^3)	IV
$U_\perp$	：晶出物の軸に対して磁場印加方向が垂直な場合の磁化エネルギー(J/m^3)	IV
$U_{//}$	：晶出物の軸に対して磁場印加方向が平行な場合の磁化エネルギー(J/m^3)	IV
V	：流速(m/s)，体積(m^3)，電圧(V)	I, II, III, IV
V_g	：印加電圧(V)	II
V_{oc}	：開回路の電圧(V)	II
V_T	：電極間にかかる全電圧(V)	II
$\boldsymbol{v}, v$	：流速(m/s)	III, IV
v	：体積(m^3)	II, III
v_r, v_θ	：r, θ 方向の流速(m/s)	II
v_x, v_y, v_z	：x, y, z 方向の流速(m/s)	II, III
$\bar{v}$	：平均流速(m/s)	II
W	：単位体積当たりの仕事量(J/m^3)	I, II, IV
W_m	：磁気ウォマスレー数(一)	II
x	：直角座標系座標軸(一)	II, III, IV
$Y(x)$	：第 2 種ベッセル関数(一)	II
y	：直角座標系座標軸(一)	II, III
z	：直角および円筒座標系座標軸(一)	II, III, IV
$\boldsymbol{\beta}$	：電流と磁場の位相差 ($\beta^2 = \gamma^2 + i\omega/\nu_m$) (rad)	II, III
β	：体積膨張率(1/K)，電流と磁場の位相差(rad)	II, III
γ	：伝播定数(1/m)	II, III
δ	：表皮厚さ(skin depth)(m)	II, III
δ_{em}	：クロネッカーのデルタ(一)	II
ε	：誘電率(F/m)	I
θ	：角度(rad)，円筒座標系の円周方向の座標軸(一)	II, III
μ	：粘性係数(kg/ms)	II, III, IV
μ_m	：透磁率(H/m)	IV

記号一覧

- μ_{mm} : 磁性物質の透磁率(H/m) …… IV
- μ_{m0} : 真空の透磁率(H/m) …… IV
- μ_{mn} : 非磁性物質の透磁率(H/m) …… IV
- μ_r : 比透磁率(—) …… IV
- ν : 動粘性係数(m²/s) …… II,III,IV
- ν_m : 磁場拡散係数(m²/s) …… II,III
- λ : 角速度(rad/s),熱伝導度(J/msK) …… II
- ρ : 密度(kg/m³) …… I,II,III,IV
- ρ_e : 体積電荷密度(C/m³) …… II
- ρ_{es} : 面電荷密度(C/m³) …… II
- ρ_{med} : 媒体の密度(kg/m³) …… IV
- ρ_p : 晶出物の密度(kg/m³) …… IV
- σ : 電気伝導度(導電率)(S/m) …… II,III
- σ_f : 表面張力(N/m) …… II,III
- σ_{lm} : 応力テンソル(N/m²) …… II
- σ_{med} : 媒体の電気伝導度(S/m) …… IV
- σ_p : 晶出物の電気伝導度(S/m) …… IV
- τ : 電極2点間の信号の遅れ時間(s) …… III
- ϕ : スカラーポテンシャル(m²/s),円筒座標系の座標軸(—),位相差(rad) …… II
- $\boldsymbol{\omega}, \omega$: うず度(1/s) …… II,III,IV
- ω : 角周波数(rad/s) …… II,III
- ω_r : うず度の r 成分(1/s) …… II
- ω_z : うず度の z 成分(1/s) …… II
- ω_θ : うず度の θ 成分(1/s) …… II
- χ : 磁化率(E-B対応単位系)(—) …… I,III,IV
- χ' : 磁化率(E-H対応単位系)(H/m) …… IV
- χ'' : (体積)磁化率(cgsガウス単位系)(—) …… IV
- $\chi_{a,b}$: a,b 軸の磁化率(E-B対応単位系)(—) …… IV
- χ_c : c 軸の磁化率(E-B対応単位系)(—) …… IV
- χ_g : 質量磁化率(cgsガウス単位系)(cm³/g) …… IV
- χ_m : モル磁化率(cgsガウス単位系)(cm³/mol) …… IV
- χ_{ma} : 強磁性体の見かけの磁化率(—) …… IV
- χ_{med} : 媒体の磁化率(E-B対応単位系)(—) …… IV
- χ_n : 非磁性体の磁化率(—) …… IV
- χ_p : 晶出物の磁化率(E-B対応単位系)(—) …… IV

記号一覧

χ_r ：比磁化率(E-H 対応単位系)(—) ……………………………………IV

索引

あ
圧縮応力 19, 48
Alfvén 2
アルフベン数 (Alfvén number) 41, 42
アルフベン波 42
アンペールの法則 (Ampère's law) 15, 28, 34, 39

い
ESR 73
移動交流磁場 73
Interaction parameter 42

う
うず度 12
うず度輸送方程式 12
うずの拡散 42

え
ARC 溶接 73
エネルギー方程式 15
エンハンストモーゼ効果 83, 105
エンハンスト逆モーゼ効果 84

お
オームの法則 (Ohm's law) 16, 21, 42

か
ガウスの法則 (Gauss' law) 15, 16
撹拌 49, 56
間欠印加周波数 59
間欠型高周波磁場 58

き
機械的緩和時間 52, 53
逆モーゼ効果 81
凝固組織制御 (機能) 55, 56
強磁性 (体) 85, 90
強磁場 78
強磁場科学 79, 106
強磁場の材料科学 79, 106
キルヒホッフ (Kirchhoff) の電圧法則 23

く
駆動 (機能) 49, 56, 67
Grashof 数 (Grashof number) 43

け
形状磁気異方性 88, 90
形状制御 (機能) 46, 49, 56, 57
結晶磁気異方性 88, 94
結晶配向 89
結晶方位 80
結晶方位制御 81
ケルビン (Kelvin) 関数 33

こ
交換磁気異方性 88
高周波誘導加熱・スカル融解法 66
高周波誘導炉 73
交流電流 73
コールド・クルーシブル (cold crucible) 2, 56, 60, 73
固定交流磁場 73

さ

材料電磁プロセッシング　2
材料電磁プロセッシングの木　8

し

シールディングパラメータ
　(shielding parameter)　41
磁化　86
磁化エネルギー　90, 91, 98, 99
磁化率　80, 86, 91
磁化力　78, 79, 80
磁気圧力　28, 31, 47, 51, 57, 61
磁気圧力数(magnetic pressure number)　41, 43
磁気アルキメデス力　103
磁気異方性　88
磁気ウォマスレー数(magnetic Womersley number)　41, 42
磁気グラスホフ数(magnetic Grashof number)　105
磁気比重数　105
磁気プラントル数(magnetic Prandtl number)　16, 41, 42
磁気フルッド数　105
磁気マッハ数(magnetic Mach number)　41, 42
磁気モーメント(M)　80, 89
磁気レイノルズ数(magnetic Reynolds number)　26, 41, 42
磁気レイリー数　105
磁性　85
磁性材料　85
磁性物質　80
質量磁化率　87
磁場中チョクラルスキー法　56, 61, 73

磁場の拡散　42
磁場の拡散方程式　15, 16, 26, 40
弱磁性(体)　85
重力変更機能　53
ジュール熱　28, 54, 55, 56
昇温(機能)　54, 55, 56, 66
磁歪　88
振動(機能)　53, 56, 67

す

スチュアート数(Stuart number)　41, 42

せ

精錬(機能)　55, 56
ゼーマン効果　79

そ

相互作用係数(interaction parameter)　41
相対磁気比重数　105
速度検出　56
速度センサー　56

た

体積磁化率　87

ち

超伝導材料　78
超伝導磁石　78
直流磁場　73
直流電流　73

て

電気伝導性流体　7, 12, 19

電磁圧力	67	**ひ**		
電磁アトマイゼーション	56	飛散(機能)	53,56,69	
電磁アルキメデス力	51	非磁性材料	85	
電磁介在物分離	56	非磁性体	89	
電磁撹拌	2,73	非磁性物質	78,80,81,99	
電磁振動	56,67	引張応力	19	
電磁堰	56	比透磁率	87	
電磁塑性変形	56	Vivésプローブの原理	70	
電磁体積力	20,29,31,47	表皮厚さ	28,31,47,49	
電磁鋳造	56,57,73	表皮効果	42	
電磁超音波	53,56,68	ピンチ効果	51	
電磁ブレーキ	56,61,73			
電磁ポンプ	56,67,73	**ふ**		
電磁流体力学	2,12,40	ファラデーの法則(Faraday's law)		
電磁流体力学現象	2		15,39	
伝播定数	36	VAR	73	
		複合機能	55,56	
と		浮揚(機能)	53,56	
透磁率	80,87	浮揚溶解	56	
		フレミングの右手の法則	55,56,70	
な		分離・凝集(機能)	51,56,64	
Navier-Stokes方程式	14,20,26,103			
軟接触凝固	56,58	**へ**		
		ベッセル関数	33	
は				
ハートマン数(Hartmann number)		**ま**		
	22,41,42	マックスウェル(Maxwell)の応力	18	
ハートマン問題	19,23	マックスウェルの方程式	15	
波動抑制(機能)	50,56,64			
反磁性(体)	85	**む**		
反磁性物質	81	無接触保持	61	
反磁場係数	88			
反転流	52	**め**		
		面電流	39	

も
モーゼ効果　　　　　78,81,82
モル磁化率　　　　　　　87

ゆ
誘導磁気異方性　　　　　88

ら
ラプラスの方程式　　　　17

り
流速検出(機能)　　　　55,70
流動抑制(機能)　　　49,56,61

れ
レイノルズ数(Reynolds number)　26
レビテーション・メルティング　2,73

ろ
ローレンツ力(f)　17,40,42,56,79

Memorandum

Memorandum

Memorandum

Memorandum

材料学シリーズ　監修者

堂山昌男	小川恵一	北田正弘
帝京科学大学教授	横浜市立大学教授	東京芸術大学教授
東京大学名誉教授	Ph. D.	工学博士
Ph. D., 工学博士		

著者略歴　浅井　滋生（あさい　しげお）

- 1971年3月　名古屋大学工学研究科博士課程満了
- 1971年4月　名古屋大学工学部助手に採用
- 1972年7月—1974年6月
  　　米国ニューヨーク州立大学留学
- 1979年9月　名古屋大学工学部助教授に昇任
- 1988年4月　名古屋大学工学部教授に昇任，現在に至る
- 1998年4月—2000年3月
  　　名古屋大学評議員
  　　（工学博士）

2000年9月25日　第1版発行

検印省略

材料学シリーズ
入門 材料電磁プロセッシング

著　者 ⓒ 浅　井　滋　生
発行者　　内　田　　悟
印刷者　　山　岡　景　仁

発行所　株式会社　内田老鶴圃　〒112-0012 東京都文京区大塚3丁目34番3号
電話 (03) 3945-6781(代)・FAX (03) 3945-6782
印刷・製本/三美印刷 K.K.

Published by UCHIDA ROKAKUHO PUBLISHING CO., LTD.
3-34-3 Otsuka, Bunkyo-ku, Tokyo, Japan

U. R. No. 505-1

ISBN 4-7536-5612-8 C3042

材料学シリーズ　堂山昌男・小川恵一・北田正弘　監修　各 A5 判

金属電子論　上・下

水谷宇一郎　著　（上）276 頁・本体 3000 円　（下）272 頁・本体 3200 円

[内容]　上巻　金属電子論入門／自由電子模型／有限温度における伝導電子／結晶と格子振動／周期ポテンシャル場の伝導電子／代表的な金属の電子構造／電子構造に関する実験とその原理／電子構造の計算法／合金の電子構造　下巻　金属結晶の電子輸送現象／超伝導現象／磁性金属の電子構造と電気伝導／強相関電子系の電子構造／液体，アモルファス合金および準結晶の電子構造と電気伝導

結晶電子顕微鏡学　―材料研究者のための―

坂　公恭　著　248 頁・本体 3600 円

[内容]　結晶学の要点／結晶のステレオ投影と逆格子／結晶中の転位／結晶による電子線の回折／電子顕微鏡／完全結晶の透過型電子顕微鏡像／面欠陥と析出物のコントラスト／転位のコントラスト／ウィーク・ビーム法，ステレオ観察等

既刊書
- 高温超伝導の材料科学　　村上雅人著　264p.・3600 円
- バンド理論　　小口多美夫著　144p.・2800 円
- 金属物性学の基礎　　沖　憲典・江口鐵男著　144p.・2300 円
- X 線構造解析　　早稲田嘉夫・松原英一郎著　308p.・3800 円
- 水素と金属　　深井　有・田中一英・内田裕久著　272p.・3800 円
- セラミックスの物理　　上垣外修己・神谷信雄著　256p.・3500 円
- 結晶・準結晶・アモルファス　　竹内　伸・枝川圭一著　192p.・3200 円
- オプトエレクトロニクス　　水野博之著　264p.・3500 円

プラズマ気相反応工学

堤井信力・小野　茂　著
A5 判・256 頁・本体 3800 円

プラズマの応用研究に関連して，実験研究に必要な知識を平易に解説したもの．本書では特に，粒子間衝突を主とする気相空間での反応に的を絞って記述する．

初等電気磁気学

堤井信力　著
A5 判・216 頁・本体 2500 円

初心者に分かりやすい簡単な例題を中心に解説する．基礎的概念を与えることに重点をおき，半年から 1 年で電気磁気現象の基本を十分理解できるようまとめた．

材料工学入門　―正しい材料選択のために―

アシュビー／ジョーンズ　著　堀内・金子・大塚　共訳
A5 判・376 頁・本体 4800 円

経済的側面を考慮しつつ，ある設計基準にかなった材料を選ぶにはどうすればよいか．ユニークな視点から執筆された教科書・参考書．各章にケーススタディを付す．